全国职业培训推荐教材
人力资源和社会保障部教材办公室评审通过
适合于职业技能短期培训使用

架子工基本技能

(第二版)

中国劳动社会保障出版社

图书在版编目(CIP)数据

架子工基本技能/雷杰恒主编. —2 版. —北京：中国劳动社会保障出版社，2010

职业技能短期培训教材

ISBN 978-7-5045-8246-1

Ⅰ.架…　Ⅱ.雷…　Ⅲ.脚手架-工程施工-基本知识　Ⅳ.TU731.2

中国版本图书馆 CIP 数据核字(2010)第 030793 号

中国劳动社会保障出版社出版发行

（北京市惠新东街1号　邮政编码：100029）

出版人：张梦欣

*

北京市艺辉印刷有限公司印刷装订　新华书店经销

850毫米×1168毫米　32开本　3.375印张　83千字

2010年3月第2版　2023年5月第15次印刷

定价：7.00元

营销中心电话：400-606-6496

出版社网址：http://www.class.com.cn

前言

职业技能培训是提高劳动者知识与技能水平、增强劳动者就业能力的有效措施。职业技能短期培训，能够在短期内使受培训者掌握一门技能，达到上岗要求，顺利实现就业。

为了适应开展职业技能短期培训的需要，促进短期培训向规范化发展，提高培训质量，中国劳动社会保障出版社组织编写了职业技能短期培训系列教材，涉及二产和三产百余种职业（工种）。在组织编写教材的过程中，以相应职业（工种）的国家职业标准和岗位要求为依据，并力求使教材具有以下特点：

短。教材适合 15～30 天的短期培训，在较短的时间内，让受培训者掌握一种技能，从而实现就业。

薄。教材厚度薄，字数一般在 10 万字左右。教材中只讲述必要的知识和技能，不详细介绍有关的理论，避免多而全，强调有用和实用，从而将最有效的技能传授给受培训者。

易。内容通俗，图文并茂，容易学习和掌握。教材以技能操作和技能培养为主线，用图文相结合的方式，通过实例，一步步地介绍各项操作技能，便于学习、理解和对照操作。

这套教材适合于各级各类职业学校、职业培训机构在开展职业技能短期培训时使用。欢迎职业学校、培训机构和读者对教材中存在的不足之处提出宝贵意见和建议。

人力资源和社会保障部教材办公室

简介

本书主要内容包括：架子工职业介绍、房屋构造与识图、脚手架工程以及脚手架安全技术。通过本书的学习，培训学员能够从事架子工岗位的基本工作。

本书在编写过程中按照行动导向的职业培训理念，围绕架子工的工作内容来构建教材结构，首先介绍了有关架子工的基础知识以及质量检验与安全管理，根据工作任务需要补充相应的房屋构造与识图理论知识，使学员形成对具体工作的完整认识。然后针对各式脚手架工程的具体内容进行了讲解，最后详细介绍了脚手架安全技术。本书采用了大量工程实例进行知识点的讲解，不仅适合各类培训机构开展短期培训使用，也可供架子工从业人员进行自学与参考。

本书由雷杰恒主编，李吉曼主审。

目录

第一单元 职 业 介 绍

知识点：

脚手架的分类

脚手架的基本要求及其构架的基本组成

构配件的组成及质量检验

脚手架的基础要求及脚手架的拆除

脚手架的检查验收及安全管理

何为脚手架工程？它在工程上有什么用途？又有多少种类型？其中哪几种是常用的类型？其施工方式如何？又是如何进行施工的？在施工过程中又应注意什么问题？另外，在安全文明施工方面又会有哪些注意事项等，都将在本书中一一进行介绍。

模块一 脚手架基础知识

一、概述及脚手架的分类

1. 概述

在建筑工程中，脚手架是一种必不可少的设备和安全设施，没有它就难以进行施工作业。那么，何为脚手架工程？它在工程中会起到什么样的作用？脚手架工程是指在施工现场为安全防护、工人操作和解决楼层水平运输而搭设的支架，是施工临时设施，也是施工企业必备的施工工具。尤其在高层建筑施工中，脚手架使用量大，技术复杂，它对施工人员的操作安全、工程质量、施工进度、工程成本以及邻近建筑物和场地影响都很大，在工程建造中占有相当重要的地位。而且它还占用着施工企业的大量流动资金，因而也是企业经济管理中的重要环节之一。

2. 脚手架的分类

脚手架的种类很多，其类别有以下几种。

（1）按用途划分。

1）操作（作业）脚手架，又分为结构作业脚手架及装修作业脚手架。

2）防护用脚手架。

3）承重、支撑用脚手架。

（2）按构架方式划分。

1）杆件组合式脚手架，俗称“多立杆式脚手架”，如扣件式钢管脚手架、碗扣式钢管脚手架等。

2）框架组合式脚手架，如门式钢管脚手架、梯式钢管脚手架和其他各种框式构件组装的鹰架等。

3）格构件组合式脚手架，如桥式脚手架、提升（降）式脚手架和升（降）式脚手架等。

4）台架，是具有一定高度和操作平面的平台架，多为定型产品，其本身具有稳定的空间结构。

（3）按脚手架的设置形式划分。

1）单排脚手架，是只有一排立杆的脚手架，其横向水平杆的另一端搁置在墙体结构上。

2）双排脚手架，是具有两排立杆的脚手架。

3）多排脚手架，是具有3排以上立杆的脚手架。

4）满堂脚手架，是按施工作业范围满设的、两个方向各有3排以上立杆的脚手架。

5）满高脚手架，是按墙体或施工作业最大高度、由地面起满高度设置的脚手架。

6）交圈（周边）脚手架，是沿建筑物或作业范围周边设置并相互交圈连接的脚手架。

7）特形脚手架，是具有特殊平面和空间造型的脚手架，如用于烟囱、水塔等以及其他平面为圆形、环形等特殊形状的建筑施工脚手架。

（4）按脚手架的支固方式划分。

1）落地式脚手架，是搭设（即其支座）在地面、楼面、屋面或其他平台结构之上的脚手架。

2）悬挑式脚手架（简称“挑脚手架”），是采用悬挑方式支固的脚手架，其挑支方式有以下3种。

①架设于专用悬挑梁上（见图1—1）；

②架设于专用悬挑三角桁架上（见图1—2）；

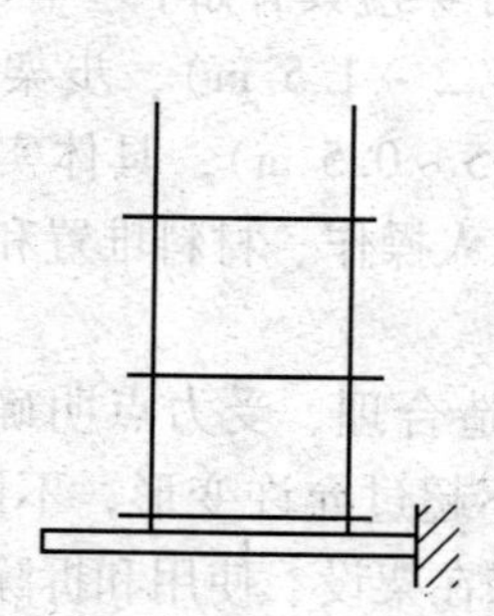

图1—1　架设于专用悬挑梁上的悬挑式脚手架

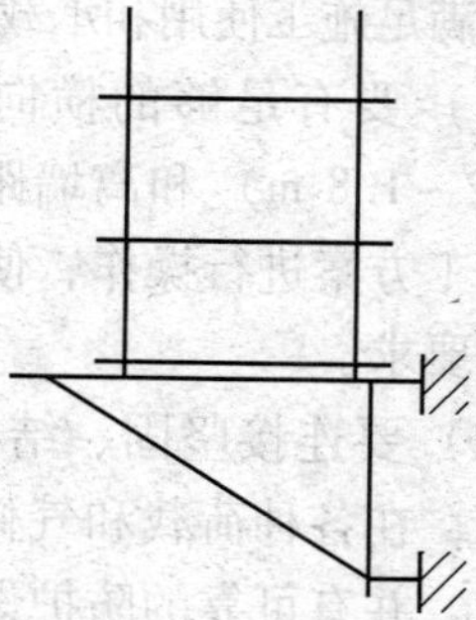

图1—2　架设于专用悬挑三角桁架上的悬挑式脚手架

③架设于由撑拉杆件组合的支挑结构上（见图1—3）。

3）附墙悬挂脚手架，是在上部或（和）中部挂设于墙体挑挂件上的定型脚手架。

4）悬吊脚手架，是悬吊于悬挑梁或工程结构之下的脚手架。当采用篮式作业架时，称为“吊篮”。

5）附着升降脚手架，是附着于工程结构、依靠自身提升设备实现升降的悬空脚手架。

6）水平移动脚手架，是带行走装置的脚手架（段）或操作平台架。

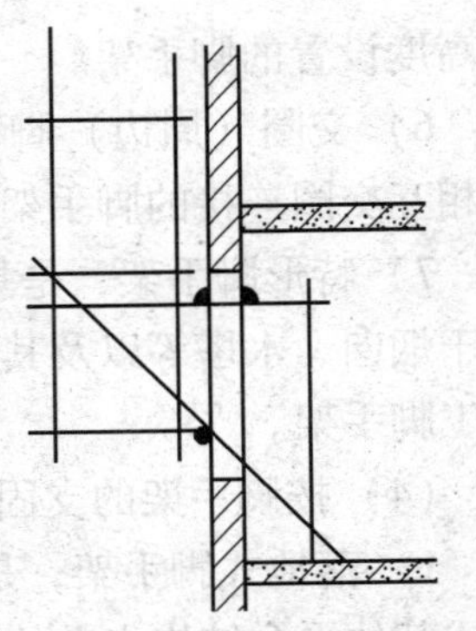

图1—3　架设于由撑拉杆件组合的支挑结构上的悬挑式脚手架

(5) 按脚手架平、立杆的连接方式划分。

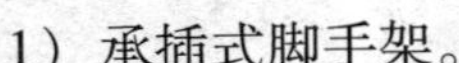

1）承插式脚手架。

2）扣接式脚手架。

3）销栓式脚手架。

二、脚手架的基本要求及其构架的基本组成

1. 脚手架的基本要求

为满足施工使用和承载作用，对脚手架应具有如下基本要求：

(1) 要有足够的横向宽度（如1.2～1.5 m）、步架高度（如1.2～1.8 m）和离墙距离（如0.35～0.5 m），具体实际情况按施工方案进行操作，使其能满足工人操作、材料堆置和运输方便的要求。

(2) 要连接坚固、结构稳定、构造合理、受力点明确、承载可靠，在各种荷载和气候条件下，不超过允许变形，不倾倒，不摇晃，并有可靠的防护设施，以确保在架设、使用和拆除过程中的安全可靠性。

(3) 应与垂直运输设备（如施工电梯、井架等）和楼层作业面高度相适应，以确保材料由垂直运输转入楼层水平运输的需要。

(4) 要杆件重量轻，连接快捷，装拆容易，可多次周转使用，力求达到方便和实用要求。

(5) 应考虑多层作业、交叉流水作业和多工种作业的需要，以减少搭拆次数。

2. 脚手架构架的基本组成

脚手架的构架由构架基本结构、整体稳定和抗侧力杆件、连墙件和卸载装置、作业层设施、其他安全防护设施五部分组成。

（1）构架基本结构。

1）脚手架构架的基本结构是直接承受和传递脚手架垂直荷载作用的构架部分。在多数情况下，构架基本结构由基本结构单元组合而成。

2）基本结构单元为构成脚手架基本结构的最小组成部分，由可以承受或传递荷载作用的杆件组成，包括毗邻基本结构单元的共用杆件。

3）基本结构单元大致有 8 种类型，见表 1—1。

表 1—1　　脚手架基本结构单元类型

序号	基本结构单元类型		构架名称和形式	构架组合	
	名称	图示		方式	作用
1	平面框格		单排脚手架	双向	整体作用
		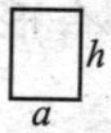	防（挡）护架		
2	立体格构	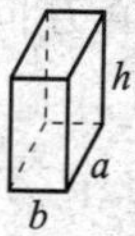	双排脚手架	双向	整体作用
			满堂脚手架	三向	
3	门形架	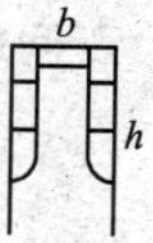	双排脚手架	双向	并列作用
			满堂脚手架	三向	
4	其他专用的平面框格	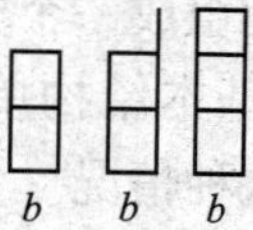	挑脚手架	单向	并列作用

续表

序号	基本结构单元类型		构架名称和形式	构架组合	
	名称	图示		方式	作用
5	三角形平面支架	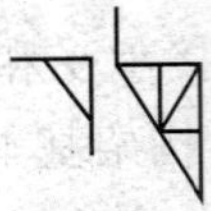	单层挑（挂）脚手架	单向	并列作用
			悬挑支架，卸载架		
6	平面桁架	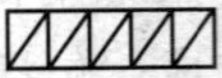	桥式脚手架	单向	并列作用
			栈桥梁	单独使用	
7	“┐”形架	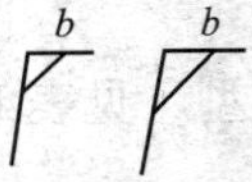	靠墙里脚手架	单向	并列作用
8	支柱		模板支撑架	单独使用或高度方向组合	并列作用

4）基本结构单元组合的特点和要求。

①按组合的形式其特点及要求。组合形式有：单向组合、双向组合及三向组合等。

单向组合——基本结构单元沿一个方向组合，构成“单条式”架、组合柱或塔架。

双向组合——基本结构单元沿两个方向组合，构成“板（片）式”架，例如单排和双排脚手架。

三向组合——基本结构单元沿三个方向组合，构成“块式”架，例如满堂脚手架。

②按组合的承载其特点及要求。

整体作用组合——基本结构单元组成一个整体结构，毗连基本结构单元的杆件共用，没有不是基本结构单元杆件的连系杆件，通常的多立杆式脚手架都属于这种情况。

并联作用组合——为平行的平面结构的组合。基本结构单元之间的连系杆件只起一定的约束作用，而不直接承受和传递垂直荷载作用。像门式钢管脚手架（在门架之间仅设有交叉支撑）就属于这种情况。

（2）整体稳定和抗侧力杆件。

1）这是附加在构架基本结构上的、加强整体稳定和抵抗侧力作用的杆件，如剪刀撑、斜杆、抛撑以及其他撑拉杆件。此外，“一”字形脚手架的整体性连接措施是增强脚手架的整体稳定性和抗侧力能力的重要措施，而其中增设的连接杆件也属于这类杆件。

2）这类杆件设置的基本要求为：

①设置的位置和数量应符合规定和需要。

②必须与基本结构杆件进行可靠连接，以保证共同作用。

③抛撑以及其他连接脚手架体和支撑物的支、拉杆件。应确保杆件和其两端的连接能满足撑、拉的受力要求。

④撑拉件的支撑物应具有可靠的承受能力。

3．连墙件、卸载及挑挂设施

（1）连墙件。为了加强脚手架的整体稳定性，提高其稳定承载能力和避免出现倾倒或坍塌等重大事故，可采用连墙件实现附壁连接方式。

1）连墙件构造的形式。连墙件构造的形式有两种。

①柔性拉结件。采用细钢筋、绳索、双股或多股铁丝进行拉结，只承受拉力和主要起防止脚手架外倾的作用，而对脚手架稳定性能（即稳定承载力）的帮助甚微。此种方式一般只能用于10层以下建筑的外脚手架中，且必须相应设置一定数量的刚性拉结件，以承受水平压力的作用。

②刚性拉结。采用刚性拉杆或构件，组成既可承受拉力又可承受压力的连接构造。其附墙端的连接固定方式应根据现场施工方案或现场工程条件确定，一般有：

a. 拉杆穿过墙体，并在墙体两侧固定。

b. 拉杆通过门窗洞口，在墙两侧用横杆夹持和背楔固定。

c. 在墙体结构中设预埋铁件，与装有花篮螺栓的拉杆固接，用花篮螺栓调节拉结间距和脚手架的垂直度。

d. 在墙体中设预埋铁件，与定长拉杆固结。上述两种拉结方式最好有配图。

2）对连墙件附墙连接的基本要求。

①确保连墙点的设置数量，一个连墙点的覆盖面为 20 ~ 50 m^2。脚手架越高，则连墙点的设置应越密。连墙点的设置位置遇到洞口、墙体构件、墙边或窄的窗间墙、砖柱等时，应在附近补设，不得取消。

②连墙件及其两端连墙点必须满足抵抗最大水平力的需要。

③在设置连墙件时，必须保持脚手架立杆垂直，避免产生不利的初始侧向变形。

④设置连墙件处的建筑结构必须具有可靠的支撑能力。

（2）卸载设施。卸载设施是指将超过搭设限高的脚手架荷载部分的力卸给工程结构承受的措施，即在立杆连续向上搭设的情况下，通过分段设置支顶和斜位杆件，以减小传至立杆底部的荷载，使脚手架减少出现倾倒或坍塌的危险，提高其稳定性。

另外，将立杆断开，另外设置挑支构造，以支撑其上部脚手架的办法，实际上属于挑脚手架，不属于卸载措施的范围。

1）卸载设施的种类。

①无挑梁上拉式，即仅设斜拉（吊）杆。

②无挑梁下支式，即仅设斜支顶杆。

③无挑梁上拉、下支式，即同时设置拉杆和支杆。

2）对卸载设施的基本要求。

①脚手架在卸载措施处的构造常需予以加强。

②支拉点必须工作可靠。

③支撑结构应具有足够的支撑能力，并应严格控制受压杆件的长细比。

卸载措施实际承受的荷载难以准确判断，在设计时须按较小的分配值考虑。

（3）挑挂设施。

1）悬挂式设施构造形式一般有以下3种。

①上拉下支式。即简单的支挑架，水平杆穿墙后锚固，承受拉力；斜支杆上端与水平杆连接、下端支在墙体上，承受压力。

②双上拉底支式。常见于插口架，它的两根拉杆分别从窗洞的上下边沿伸入室内，用竖杆和别杠固定于墙的内侧。插口架底部伸出横杆支顶于外墙面上。

③底锚斜支拉式。底部用悬挂挑梁式杆件（其里端固定到楼板上），另设斜支杆和带花篮螺栓的拉杆，与挑脚手架的中上部连接。

2）靠挂式设施。即靠挂脚手架的悬挂件，其里端预埋于墙体中或穿过墙体后予以锚固。

3）悬吊式设施。用于吊篮，即在屋面上设置的悬挑梁，用绳索或吊杆将吊篮悬吊于悬挑梁之下。

4）挑挂设施的基本要求。

①应能承受挑、挂脚手架所产生的竖向力、水平力和弯矩。

②可靠地固结在工程结构上，且不会产生过大的变形。

③确保脚手架不晃动（对于挑脚手架）或者晃动不大（对于挂脚手架和吊篮）。吊篮需要设置定位绳。

（4）作业层设施。

1）作业层设施包括扩宽架面构造、铺板层、侧面防（围）

护设施（挡脚板、栏杆、围护板网）以及其他设施，如梯段、过桥等。

2）作业层设施的基本要求。

①采用单横杆挑出的扩宽架面的宽度不宜超过 300 mm，否则应进行构造设计或采用定型扩宽构件。扩宽部分一般不堆物料并限制其使用荷载。外立杆一侧扩宽时，防（围）护设施应相应外移。

②铺板一定要满铺，不得花铺，且脚手板必须铺放平稳，必要时要加以固定。

③防（围）护设施应按规定的要求设置，间隙要合适、固定要牢固。

模块二　脚手架质量检验及安全管理

一、构配件组成与质量检验

脚手架的构配件组成一般有：钢管杆件、扣件、底座、脚手板、安全网等。

1. 钢管杆件

（1）钢管杆件包括立杆、纵向平杆（大横杆）、横向平杆(小横杆)、剪刀撑、斜杆和抛撑（在脚手架立面之外设置的斜撑)，贴地面设置的平杆也称“扫地杆”，在作业层设置的、用于拦护的平杆也称为“栏杆”。

（2）钢管的类型。钢管采用外径 48 mm、壁厚 3. 5 mm 的焊接钢管，也可采用同样规格的无缝钢管或外径 51 mm、壁厚 3 mm的焊接钢管，钢管材质宜使用力学性能适中的 Q235 钢，其材料性能应符合《碳素结构钢》（GB/T 700—2006）的相应规定。

（3）钢管的使用长度。

1）用于立杆、大横杆、剪刀撑和斜杆的钢管长度为4～6.5 m（这样的长度一般重250 N以内，适合人工操作）。

2）用于小横杆的钢管长度为1.8～2.2 m，以适应脚手架宽度的需要。

3）钢管长度应便于工人装、拆和运输，每根钢管重不应超过250 N。

（4）对钢管进行防锈处理的方法。作为脚手架杆件使用的钢管，必须进行防锈处理，即对购进的钢管先行除锈，然后内壁擦涂防锈漆两遍，外壁涂防锈漆一遍和面漆两遍。在脚手架使用一段时间以后，由于防锈层会受到一定的损伤，因此，需重新进行防锈处理。现在国外大多采用热浸镀锌法做防锈处理，或直接采用镀锌钢管，虽一次投入较大，但长期的经济效果还是合算的。

（5）钢管杆件的质量检验要求及允许偏差（见表1—2、表1—3）。

表1—2　　钢管质量检验要求

<table>
<tr><th colspan="2">项次</th><th>检查项目</th><th>验收要求</th></tr>
<tr><td rowspan="6">新管</td><td>1</td><td>产品质量合格证</td><td rowspan="2">必须具备</td></tr>
<tr><td>2</td><td>钢管材质检验报告</td></tr>
<tr><td>3</td><td>表面质量</td><td>表面应平直光滑，不应有裂纹、分层、压痕、划道和硬弯，严禁打孔，上述缺陷不应大于表1—3的规定</td></tr>
<tr><td>4</td><td>外径、壁厚</td><td>允许偏差不超过表1—3规定</td></tr>
<tr><td>5</td><td>端面</td><td>应平整，偏差不超过表1—3规定</td></tr>
<tr><td>6</td><td>防锈处理</td><td>必须进行防锈处理，镀锌或涂防锈漆</td></tr>
<tr><td rowspan="2">旧管</td><td>7</td><td>钢管锈蚀程度应每年检查一次</td><td>锈蚀深度应符合表1—3规定，锈蚀严重部位应将钢管截断进行检查</td></tr>
<tr><td>8</td><td>其他项目</td><td>同新管项次3、4、5项</td></tr>
</table>

表 1—3　　　　　　　　钢管的允许偏差

序号	项目	允许偏差 Δ（mm）	示意图	检查工具
1	焊接钢管尺寸（mm） 外径　48 壁厚　3.5 外径　51 壁厚　3.0	 ≤−0.5 ≤−0.5 ≤−0.5 ≤−0.45		游标卡尺
2	钢管两端面切斜偏差	≤1.70		塞尺、拐角尺
3	钢管外表面锈蚀深度	≤0.50		游标卡尺
4	钢管弯曲 a. 各种杆件钢管的端部弯曲 l≤1.5 m	≤5		钢直尺
	b. 立杆钢管弯曲 3 m＜ l ≤4 m 4 m＜ l ≤6.5 m	 ≤12 ≤20		
	c. 水平杆、斜杆的钢管弯曲 l≤6.5 m	≤30		

续表

序号	项目	允许偏差Δ（mm）	示意图	检查工具
5	冲压钢脚手板 a. 板面挠曲 l≤4 m l>4 m	 ≤12 ≤16		钢直尺
	b. 板面扭曲（任一角翘起）	≤5		

2．扣件

（1）扣件的种类。目前我国有可锻铸造扣件与钢板压制扣件两种。

1）可锻铸造扣件已有国家产品标准和专业检测单位，质量易于保证。但由于生产厂家较多，其中确有一些材质和铸造质量较差（扣接不紧以及其他质量缺陷）者，所以购用时一定要严格地检查验收。

2）而钢板压制扣件由于尚无国家产品标准，使用应慎重，可参照《钢管脚手架扣件》（GB 15831—2006）的规定进行测试，其质量符合标准要求时才能使用。

（2）扣件的基本形式。

1）直角扣件（十字扣）。用于两根呈垂直交叉钢管的连接（见图1—4）。

2）旋转扣件（回转扣）。用于两根呈任意角度交叉钢管的连接（见图1—5）。

3）对接扣件（筒扣、一字扣）。用于两根钢管对接连接（见图1—6）。

（3）扣件的技术要求。扣件及其附件（T形螺栓、螺母、垫圈）的技术要求如下：

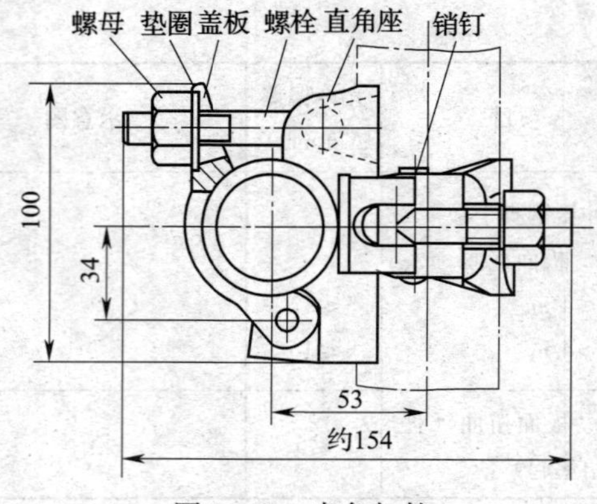

图 1—4　直角扣件

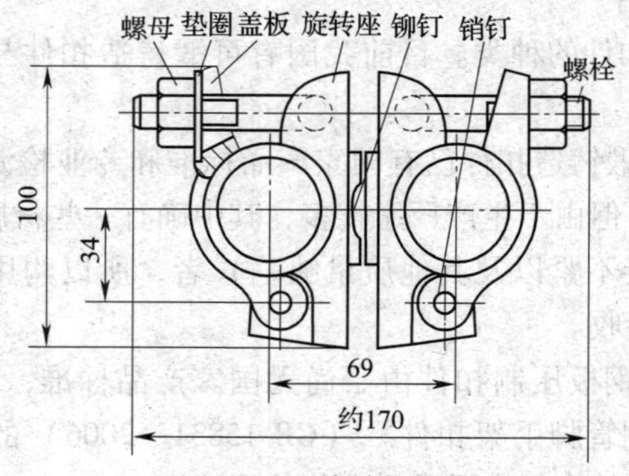

图 1—5　旋转扣件

1）扣件应采用符合《可锻铸铁件》（GB/T 9440—1988 NEQ ISO 5922：1981）要求的可锻铸铁制造。其附件采用的材料应符合《碳素结构钢》（GB/T 700—2006）中 Q235 钢的规定；螺纹均应符合《普通螺纹》（GB/T 196—2003，ISO 724：1993，MOD）的规定，垫圈应符合《平垫圈》（GB/T 95—2002，EQV ISO 7091：2000）的规定。

2）铸铁不得有裂纹、气孔，不宜有疏松、砂眼或其他影响使用性能的铸造缺陷，并将影响外观质量的黏砂、浇冒口残余、披缝、毛刺、氧化皮等清除干净。

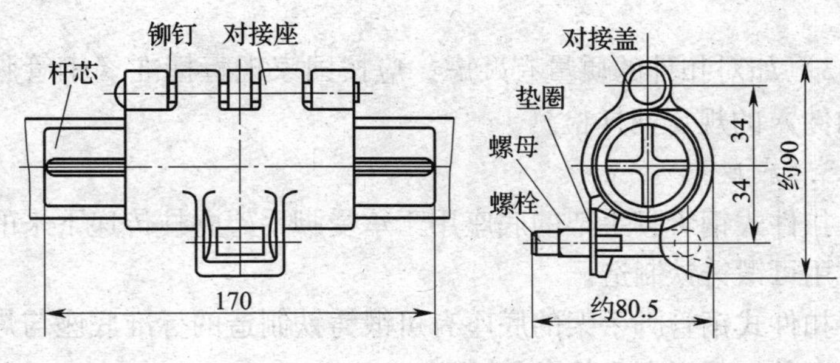

图 1—6　对接扣件

3）扣件与钢管的贴合面必须严格整形，应保证与钢管扣紧时接触良好。

4）扣件活动部位应能灵活转动，旋转扣件的两旋转面间隙应小于 1 mm。

5）当扣件夹紧钢管时，开口处的最小距离应不小于 5 mm。

6）扣件表面应进行防锈处理。

（4）扣件质量的检验要求。

1）扣件质量应按表 1—4 的要求进行检验。

表 1—4　　扣件质量检验要求

项次		检验项目	要求
新扣件	1	产品质量合格证，生产许可证，专业检测单位测试报告	必须具备
	2	表面质量及性能	应符合技术要求有关的规定
	3	螺栓	不得滑扣
旧扣件	4	同新扣件的项次 2、3 项	

2）扣件螺栓拧紧扭力矩达 70 N · m 时，可锻铸铁扣件不得破坏。

3）如对扣件的质量有疑虑，应按国家现行标准《钢管脚手架扣件》的规定抽样检测。

3. 底座

扣件式钢管脚手架的底座用于承受脚手架立柱传递下来的荷载，用可锻铸铁制造。

扣件式钢管脚手架的底座有可锻铸铁制造的标准底座与焊接底座两种，可根据具体条件选用。

可锻铸铁标准底座（见图 1—7）的材质要求与扣件相同。

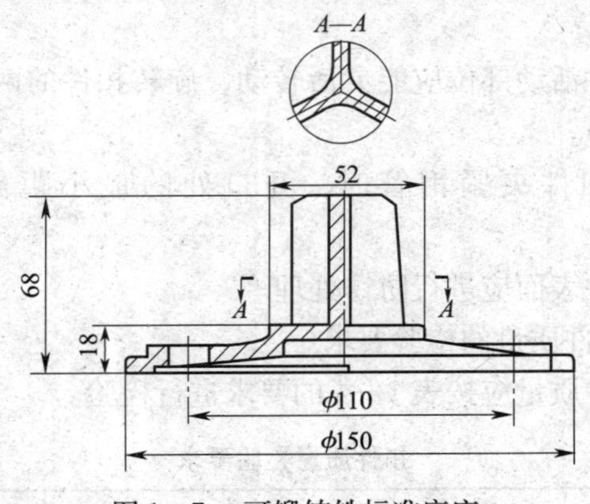

图 1—7　可锻铸铁标准底座

（1）可锻铸铁标准底座的材质和加工外观质量与缺陷要求同可锻铸铁扣件。

（2）焊接底座应采用 Q235 – A 钢，焊条应采用 E43 型，尺寸应符合图 1—8 要求。

4. 脚手板

脚手板的类型有冲压式钢脚手板、木脚手板、竹串片及竹笆脚手板等，扣件式脚手架的作业层面可根据所用脚手板的支撑要求设置横向平杆，因而可使用各种形式的脚手板。

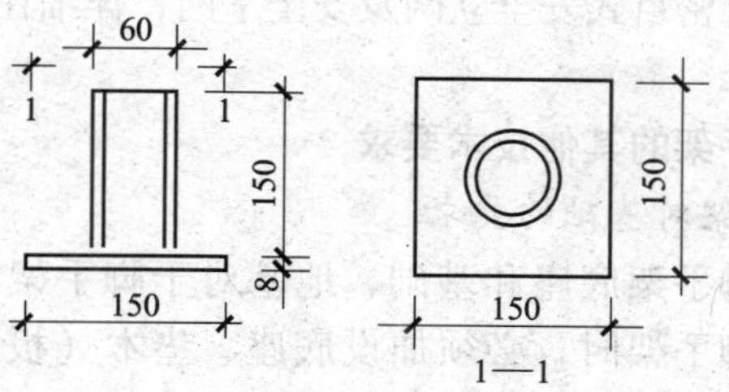

图 1—8　焊接底座

脚手板的技术要求如下：

（1）脚手板的厚度不宜小于 50 mm，宽度不宜小于 200 mm，重量不宜大于 300 N。

（2）确保材质符合表 1—5 规定。

表 1—5　　　　　　脚手板质量检验要求

项次	项目	要求
1. 钢脚手板	• 产品质量合格证 • 尺寸偏差 • 缺陷 • 防锈	• 必须具备 • 应符合设计要求 • 不得有裂纹、开焊与硬弯 • 必须涂防锈漆
2. 木脚手板	• 尺寸 • 缺陷	• 宽度应大于等于 200 mm，厚度宜大于 50 mm • 不得有开裂、腐朽

（3）不得有超过允许的变形和缺陷。另外，木脚手板应采用杉木或松木制作，厚度不宜小于 50 mm，宽度应大于等于 200 mm，不得有开裂、腐朽，每块的重量不宜大于 300 N；其材质应符合国家现行标准《木结构设计规范》（GB 50005—2003）中对Ⅱ级木材的规定；脚手板的两端应采用直径为 4 mm 的镀锌钢丝各设两道箍。

5. 安全网

安全网有密目式安全立网及安全平网，详细在第四单元中讲解。

二、脚手架的其他技术要求

1. 脚手架对基础的要求

良好的脚手架底座和基础、地基对于脚手架的安全极为重要，在搭设脚手架时，必须加设底座、垫木（板）或基础，并做好对地基的处理。

（1）一般要求。

1）脚手架地基应平整夯实。

2）脚手架的钢立柱不能直接立于地面上，应加设底座和垫板（木），垫板（木）厚度不小于50 mm。

3）遇有坑槽时，立杆应下到槽底或在槽上加设底梁（一般可用枕木或型钢梁）。

4）脚手架地基应有可靠的排水措施，以防止积水浸泡地基。

5）脚手架旁有开挖的沟槽时，应控制外立杆距沟槽边的距离：当架高在30 m以内时，不小于1.5 m；架高为30 ~ 50 m时，不小于2.0 m；架高在50 m以上时，不小于2.5 m。当不能满足上述距离时，应核算土坡承受脚手架的能力，不足时可加设挡土墙和其他可靠支护，避免槽壁坍塌危及脚手架安全。

6）位于通道处的脚手架底部垫木（板）应低于其两侧地面，并在其上加设盖板，避免扰动。

（2）一般做法。

1）30 m以下的脚手架，其内立杆大多处在基坑回填土之上。回填土必须严格分层夯实。垫木宜采用长2.0 ~ 2.5 m、宽不小于200 mm、厚50 ~ 60 mm的木板，垂直于墙面放置（用长4.0 m左右的木板平行于墙放置便可），在脚手架外侧挖一浅排水沟排除雨水，如图1—9所示。

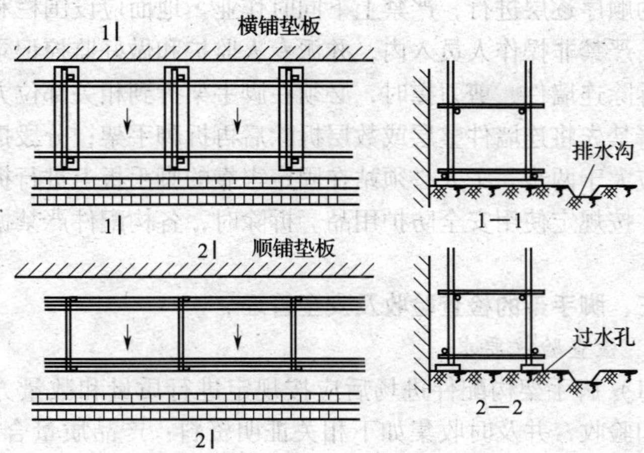

图 1—9　普通脚手架基底的做法

2）架高超过 30 m 的高层脚手架的基础做法。

①采用首木支垫。

②在地基上加铺 200 mm 厚道砟后铺混凝土预制块或硅酸盐砌块，在其上沿纵向铺放 12～16 号槽钢，将脚手架立杆坐于槽钢上。

③若脚手架地基为回填土，应按规定分层夯实，达到密实度要求，并自地面以下 1 m 深改做三七灰土。

④高层脚手架基底的做法（见图 1—10）。

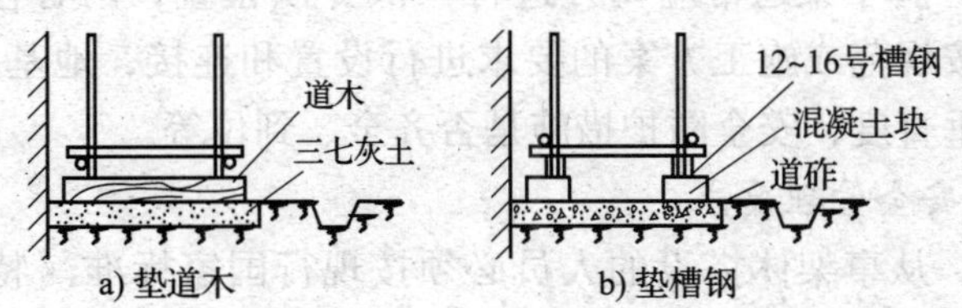

图 1—10　高层脚手架基底的做法

2. 脚手架的拆除

脚手架拆除应在统一指挥下作业，拆除必须由上而下按先搭后拆的顺序逐层进行，严禁上下同时作业。地面应设围栏和警戒标志，严禁非操作人员入内，并派专人监护和做好监控记录。

拆除连墙件、剪刀撑时，必须在脚手架拆到相关部位方可拆除，严禁先将连墙件整层或数层拆除后再拆脚手架；分段拆除高差不应大于两步。工人必须站在固定牢靠的脚手板上进行拆除作业，并按规定使用安全防护用品。拆除时，各构配件严禁抛掷至地面。

三、脚手架的检查验收及安全管理

1. 检查验收要求

（1）脚手架构配件进场后应按规定进行质量和数量方面的检查和验收，并及时收集如下相关证明资料：产品质量合格证，法定检测单位的质量检验、测试报告，生产许可证等。

（2）脚手架搭设安装前，应先对基础等架体承重部位进行验收；搭设安装后应进行分段验收以及总体验收；遇有六级大风与大雨、停用超过 1 个月、由结构转向装饰施工阶段时，对脚手架应重新进行验收，并办好相关手续。挑、挂、吊特殊脚手架须由企业技术部门会同安全施工管理部门验收合格后才能使用。验收要定量与定性相结合，验收合格后应在架体上悬挂合格牌、限载牌、操作规程牌，并应写明使用单位、监护管理单位和责任人。

（3）脚手架通常应每月进行一次专项检查，内容包括：杆件是否按规范或施工方案的要求进行设置和连接，地基、扣件、架体的垂直度，安全防护措施是否齐全、到位等。

2. 安全管理要求

（1）从事架体搭设的人员必须按现行国家标准《特种作业人员安全技术考核管理规则》（GB 5036）进行考核并取得合格证，且应取得政府有关监督管理部门核发的特殊工种操作证，方能正式成为专业架子工。

（2）当参与附着式升降脚手架安装、升降、拆卸操作时，还必须持建设行政管理部门核发的升降脚手架上岗操作证。

（3）上岗人员应定期体检，合格后方可持证上岗，凡患有不适合高处作业病症的不准参加高空作业。架子工作业时必须戴好安全帽、系好安全带和穿上防滑鞋。

（4）作业层上的施工荷载应符合设计要求，不得超载。不得将模板支架、缆风绳、泵送混凝土和砂浆的输送管等固定在脚手架上，另外，脚手架不得与其他设施如井架和施工升降机运料平台、落地操作平台、防护棚等相连；严禁悬挂起重设备。

（5）在脚手架使用期间，严禁拆除主节点处的纵横向水平杆、扫地杆及连墙件，另外，其他各种杆件及安全防护设施也不能随意拆除。如因施工确需拆除，应事先办理拆除申请手续。有关拆除加固方案应经工程技术负责人和原脚手架工程安全技术措施审批人书面同意后，才能实施。

（6）在脚手架上进行电、气焊作业时，必须有防火措施和专人监护。

（7）工地临时用电线路的架设及脚手架接地、避雷措施等，应按《施工现场临时用电安全技术规范》（JGJ 46—2005）的有关规定执行。

第二单元 房屋构造与识图

知识点：

了解房屋构造及相关识图

在上一单元中，我们简要地了解了脚手架工程、它的种类及构配件等相关知识，也了解了脚手架质量检验与安全管理。但是当我们面对工程时，又如何施工呢？面对图纸，我们怎样去理解这些图纸所表达的构件呢？下面让我们来一起了解房屋的构造及相关的识图知识。

模块一 房 屋 构 造

学习识读房屋施工图，应先对房屋有一个基本的认识，才能掌握房屋施工图的内容及有关规定。

一、房屋的分类

房屋的分类有多种方法。

按使用功能分为：住宅、商场、体育馆、饭店、厂房、仓库等；

按结构形式分为：砖混结构、框架结构、剪力墙结构、排架结构等；

按建筑层数分为：单层建筑、多层建筑和高层建筑。

二、房屋的组成

一般房屋的组成有：基础、墙体（外墙、内墙）、门、窗、楼梯、走廊、屋顶、屋面等（见图 2—1）。

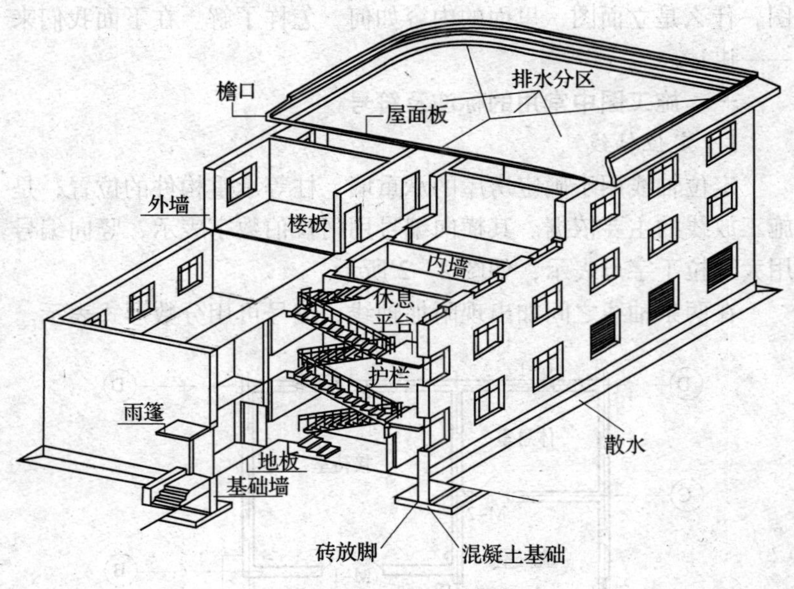

图 2—1　房屋的组成

虽然各种房屋的使用要求、空间组合、外形处理、结构形式和规模大小等各有不同，但构成建筑物的主要部分是相同或相似的。其中，基础起着承受和传递荷载的作用；屋顶、外墙、雨篷等起着隔热、保温、避风遮雨的作用；屋面、天沟、雨水管、散水等起着排水的作用；台阶、门、走廊、楼梯起着沟通房屋内外、上下交通的作用；窗则主要用于采光和通风；墙裙、勒脚、踢脚板等起着保护墙身的作用。

模块二　识　　图

在工程中，如何反映出这些房屋的图形呢？就需要把这些构件以施工图纸的方式进行反映。一套完整的施工图有平面图、立面图及剖面图。在架子工这个工种中，就需要了解什么是平面图，什么是立面图，里面的内容如何，怎样了解。在下面我们来一一讲述。

一、施工图中常用的标注及符号

1. 定位轴线

定位轴线用于确定房屋的承重墙、柱等承重构件的位置，是施工放线的主要依据。其横向编号用阿拉伯数字表示，竖向编号用大写拉丁字母表示，如图 2—2 所示。

在两条轴线之间如出现附加轴线，编号可用分数形式表示。

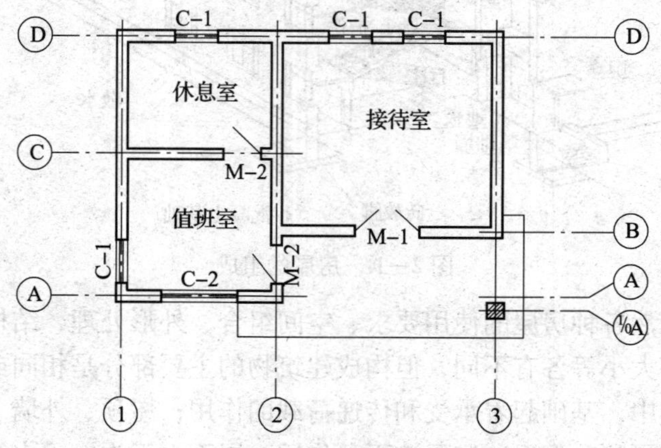

图 2—2　定位轴线的编号

2. 标高符号

标高用于表示某一位置的高度，标高的单位为米（m）。其符号为等腰直角三角形，表示方法如图 2—3 所示。

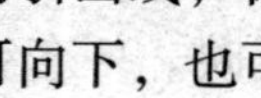

图 2—3　标高符号

在立面、剖面等图中，当标高标注在图形轮廓之外时，要在被标注的位置引出一条横的引出线，标高符号的直角顶点应指至被注高度的引出线，尖端可向下，也可向上，如图 2—4 所示。

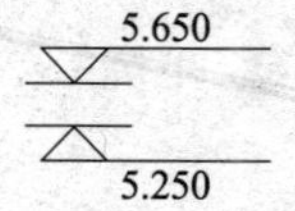

图 2—4　标高的指向

当不同标高位置的施工图样完全相同时，可使用一张图纸，只需在一个标高符号上标注数个标高数字，如图 2—5 所示。

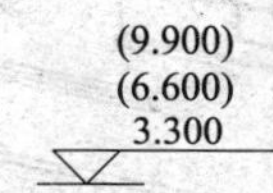

图 2—5　一个标高符号标注数个标高数字

3．指北针

指北针是用于表示房屋朝向的，箭头所指方向为北，如图 2—6 所示。

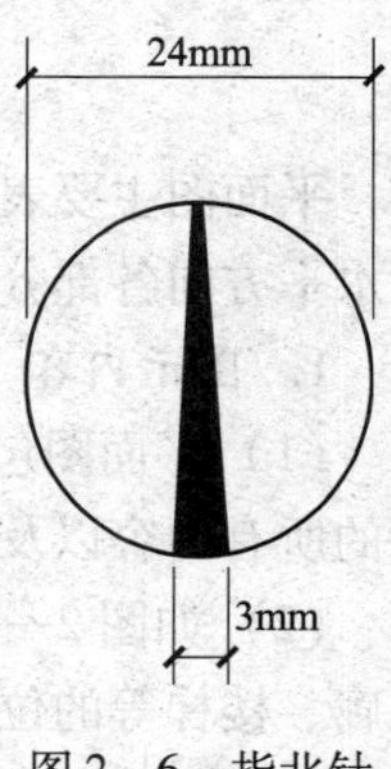

图 2—6　指北针

4．尺寸单位

总平面图中的尺寸单位为米（m），其他图中的尺寸单位均为毫米（mm），标注尺寸时不注写单位。

5．图名及比例

房屋建筑图的图名在图样下方居中的位置。图名右侧注明绘制图样使用的比例，如图 2—7 所示。

平面图　1:100

图 2—7　图名及比例

二、建筑平面图

用一假想水平面在门窗洞口的位置将房屋切开，绘制出的剖切面以下部分的水平剖视图称为建筑平面图，简称平面图，如图 2—8 所示。

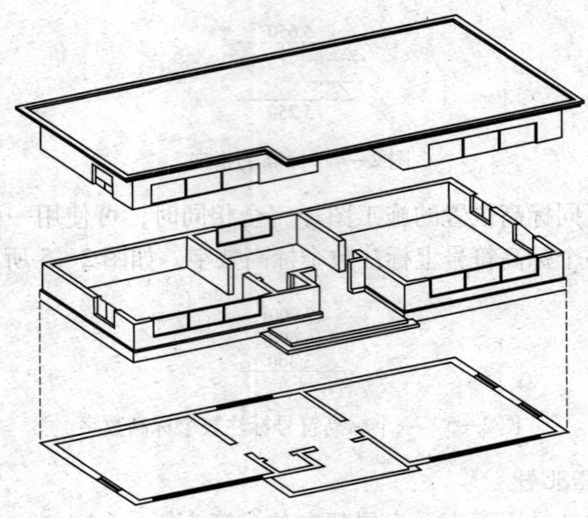

图 2—8 建筑平面图的形成

平面图主要表示房屋的平面形状、内部布置及朝向。它表明了水平方向各部分的关系，是施工图中的基本图样。

1. 图示内容

（1）平面图包括对房屋作水平剖切后所看到的有关该层房屋的所有内容以及定位轴线和轴线编号。

（2）如图 2—9 所示，在图中反映了各房间的布置及名称，走廊、楼梯等的位置，该层所有门、窗的分布和编号及门的开启方向，出入口及室外的台阶、坡道、散水的位置及尺寸等，并有指北针指示朝向。

（3）如图 2—10 所示，除上述内容外，还有底层出入口处的雨篷。另外，各层平面图中楼梯间可分为底层、中间层、顶层三种情况。

2. 图例

由于建筑平面图所用的比例较小，建筑细部及门、窗等不能详细画出，因此用图例表示，见表 2—1。

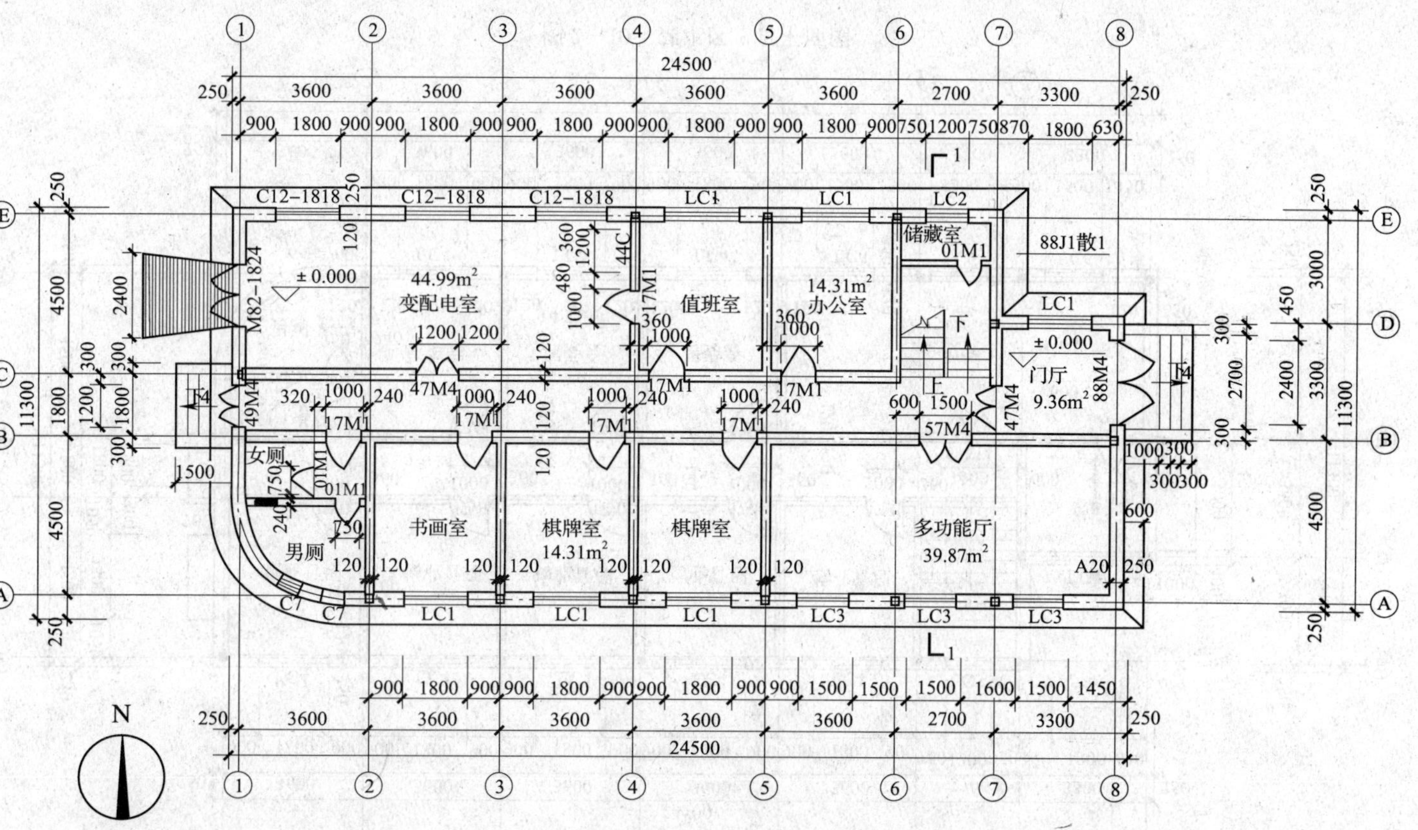

图 2—9　某小区首层平面图

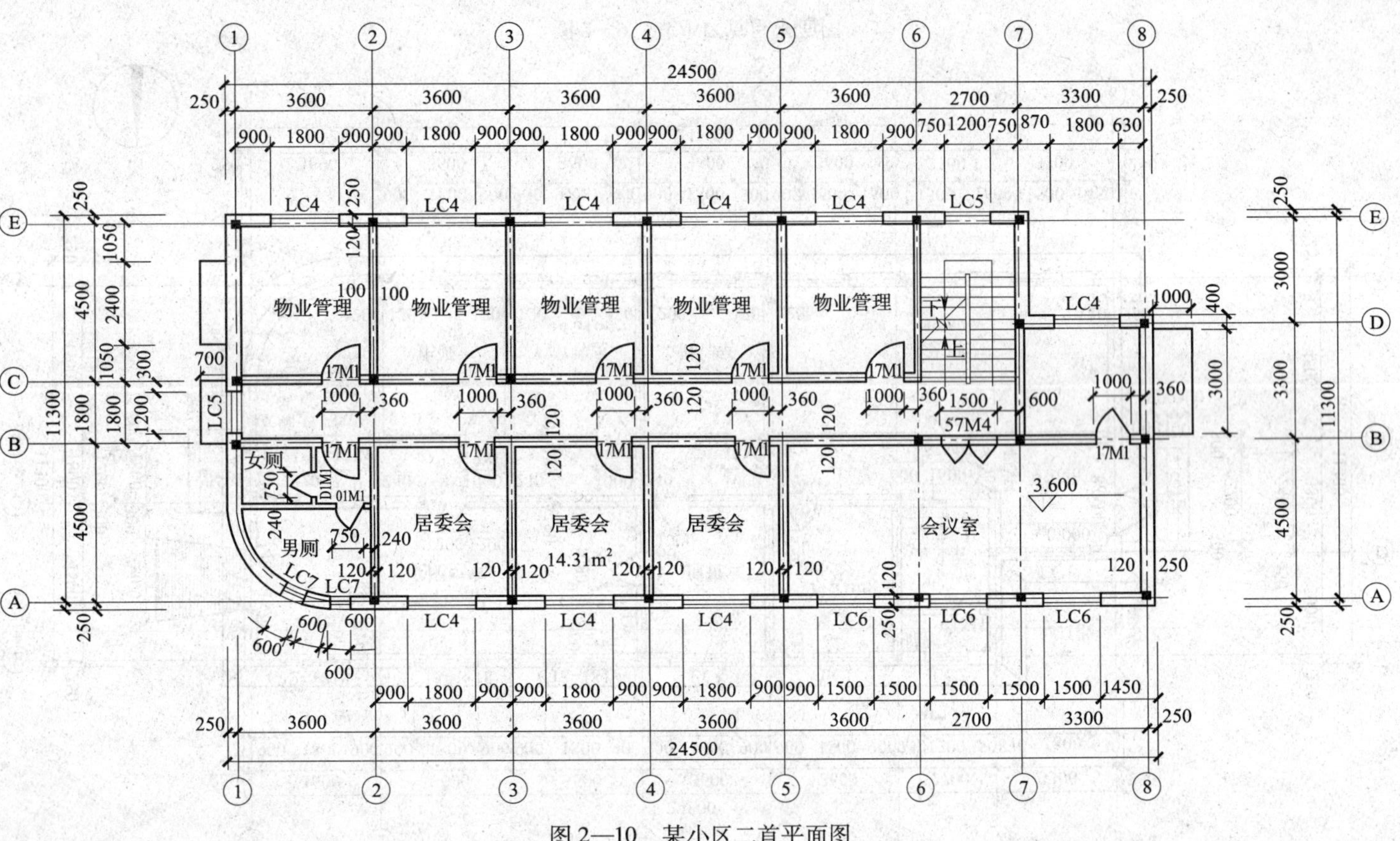

图 2—10　某小区二首平面图

表 2—1　　建筑图例

图例	名称	图例	名称
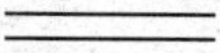	土墙：包括土筑墙、土坯墙、三合土墙等	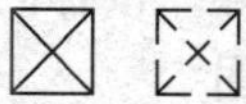	检查孔
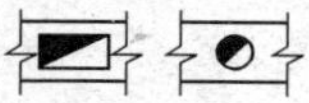	烟道		孔洞
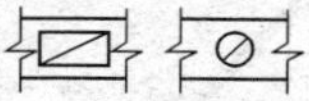	通风道	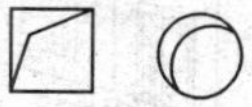	坑槽
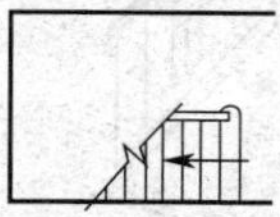	底层楼梯	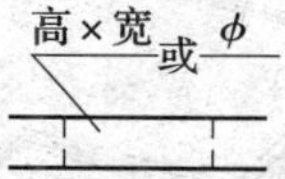 高×宽或 ϕ	墙预留洞
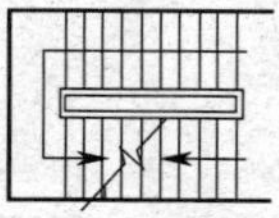	中间层楼梯	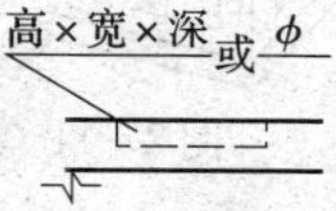 高×宽×深或 ϕ	墙预留槽
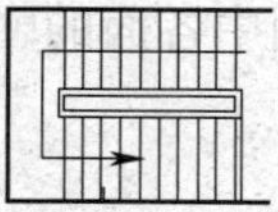	顶层楼梯	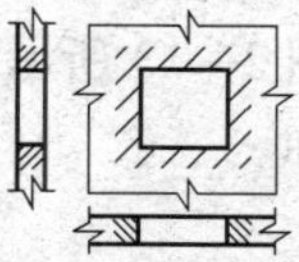	在原有墙或楼板上新开的洞
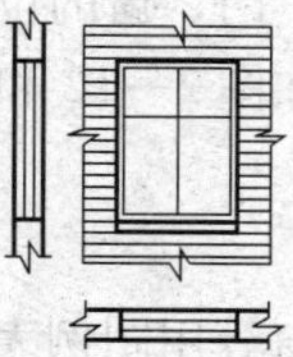	新建的墙和窗	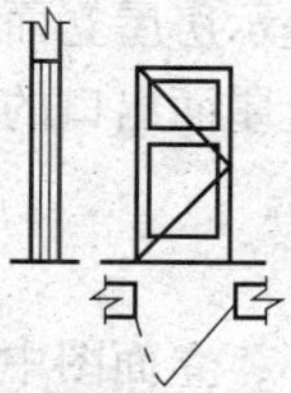	单扇门（包括平开或弹簧门）
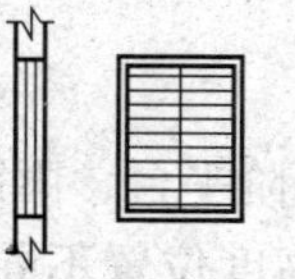	百叶窗	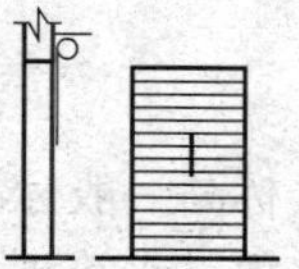	卷门

3. 标高

平面图图中地面或楼面有高度变化的位置都有标注标高，如楼面、卫生间地面等，楼梯间标注中间休息平台处的标高。

三、建筑立面图

建筑立面图是投影面平行于建筑物某个立面所作的正投影图，简称立面图，如图2—11所示。

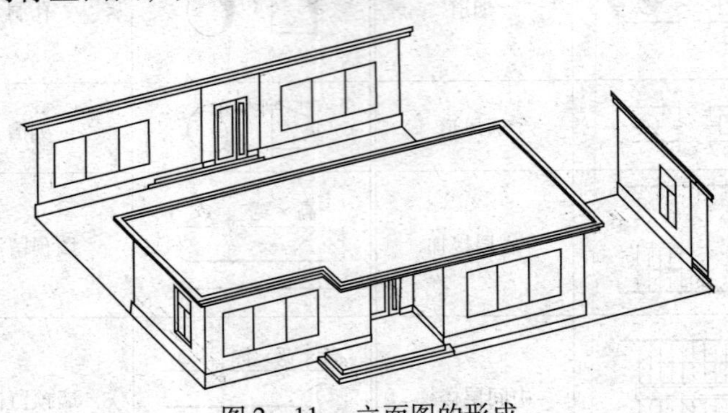

图2—11　立面图的形成

立面图的名称一般根据定位轴线号确定，如图2—12所示为⑦~①立面图，图2—13所示建筑物也可按平面图中各面的朝向确定立面图的名称。

1. 图示内容

立面图主要表示房屋立面的外貌、装修要求，门、窗的位置及形式，女儿墙及屋面出口的形式，雨水管等。如图2—12和图2—13所示。

2. 图例

由于比例较小，立面图中许多细部，如门、窗等用图例表示（见表2—1）。

3. 标高

在平面图中，标高一般标注在室内外地坪、台阶平台、雨篷、门窗洞口、女儿墙顶、水箱顶及房屋最高顶面等高度位置不同的地方。立面图的标高一般标注在图的外部。

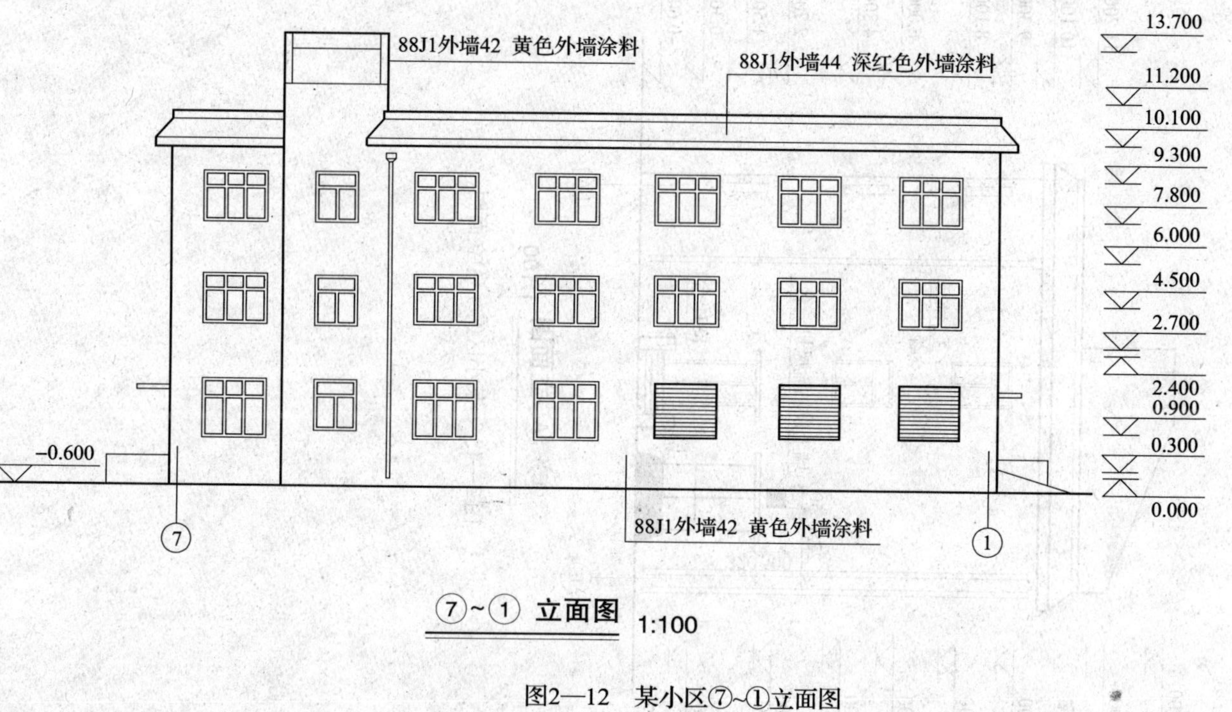

图2—12 某小区⑦~①立面图

13.700
12.000
9.300
7.800
7.800
4.500
2.400
0.000
11.200
10.100
9.300
8.100
6.000
4.800
2.700
1.500
0.300
-0.600
3
25
88J5
2250 500
墙上设轴流风机一台
320 500
88J1 台1
E
A
E ~ A 立面图 1:100

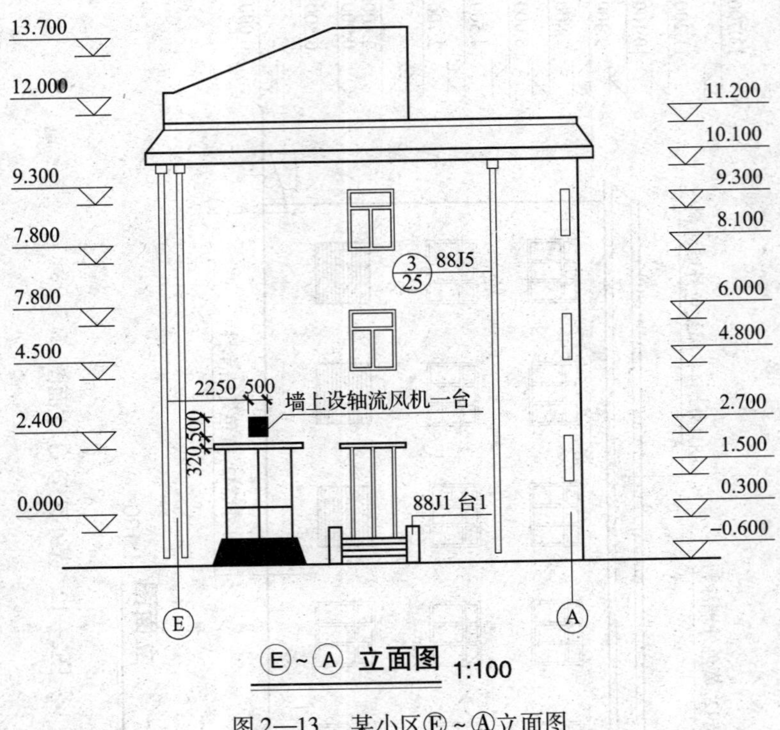

图 2—13　某小区Ⓔ～Ⓐ立面图

第三单元　脚手架工程

知识点：

扣件式外脚手架及满堂脚手架的施工方法、搭设工艺等
门式脚手架的施工方法、搭设工艺等
悬挑式脚手架的施工方法、搭设工艺等
吊篮（悬吊式）脚手架的施工方法、搭设工艺等

在第一单元及第二单元中，介绍了脚手架的种类、材料组成以及与脚手架相关的识图知识。下面以建筑常用的几种脚手架工程：扣件式脚手架、门式脚手架及吊篮（也称悬吊式）脚手架等为例，通过工程举例的方式来介绍以上几种脚手架工程的施工方法、搭设工艺等方面的知识。

模块一　扣件式脚手架

扣件式脚手架是现在建筑行业最常用的脚手架工程之一，可用于室外工程即外脚手架工程，其中又分落地式及悬挑式两种。在这个模块里只对落地式进行介绍，悬挑式在下一模块进行介绍。扣件式脚手架也可用于室内工程即里脚手架、满堂脚手架工程等。总之，这种脚手架工程的使用范围广泛，并具有装拆简便、搭设灵活、适应性强等优点。

一、扣件式外脚手架

下面以例子的形式对落地式扣件脚手架工程的知识进行

介绍。

1. 工程简介

某小区商住楼，层数为22.5层，建筑高度为72.3 m，为框架—剪力墙结构，由于建筑高度超过50 m，故采用双排落地式脚手架。图3—1所示为该商住楼的建筑平面图。

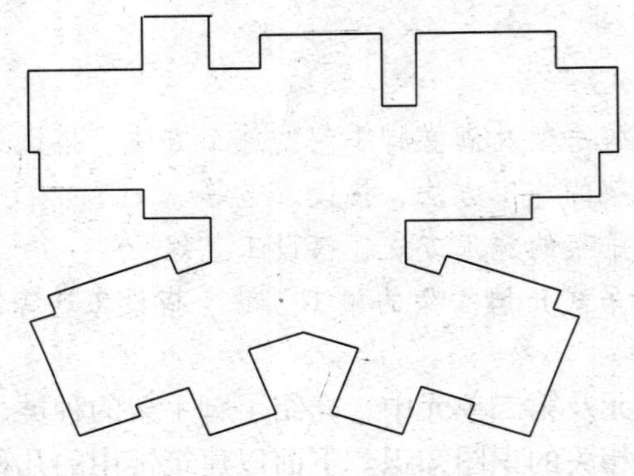

图3—1 建筑平面图

2. 施工准备

（1）材料准备。

1）钢管。钢管杆件包括立杆、纵向水平杆（大横杆）、横向水平杆（小横杆）、剪刀撑、斜杆和抛撑（在脚手架立面之外设置的斜撑），贴地面设置的水平杆也称“扫地杆”。

采用外径ϕ48 mm，壁厚3.5 mm的钢管；若采用新钢管，必须有产品质量合格证，还应有质量检验报告，表面应平直光滑，不应有裂缝、结疤、分层、错位、硬弯、毛刺、压痕和深的划道，必须涂有防锈漆；若采用旧钢管，钢管壁厚应符合要求，表面应平直光滑，不应有裂缝、结疤、分层、错位、硬弯、毛刺、压痕和深的划道，锈蚀深度超过规定值时不能再使用。

2）扣件。扣件包括直角扣件、旋转扣件、对接扣件（见图3—2）及其附件T形螺栓、螺母、垫圈等。

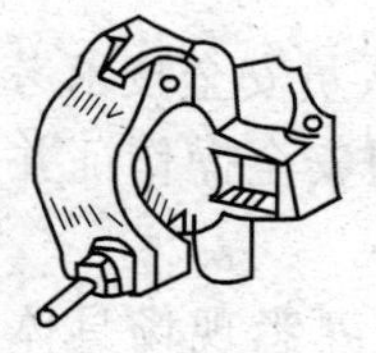
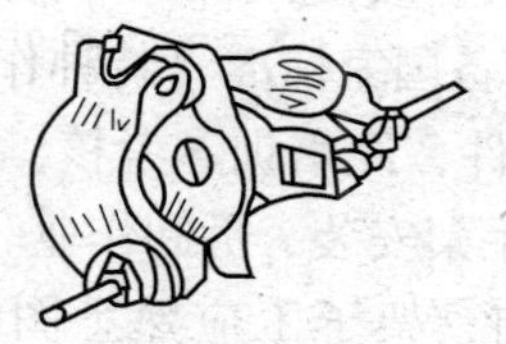

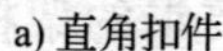
a) 直角扣件　　b) 旋转扣件　　c) 对接扣件

图 3—2　扣件形状

①扣件及其附加配件应符合 GB/T 9440—1988 NEQ ISO 5922：1981《可锻铸铁件》的规定，力学性能不低于 KT33－8 的可锻铸铁的制作性能，其附件的制造材料应符合 GB/T 700—2006 中 Q235 钢的规定，螺纹应符合 GB/T 196—2003，ISO 724：1993，MOD《普通螺纹》的规定，垫圈应符合 GB/T 95—2002，EQV ISO 7091：2002《平垫圈》的规定。扣件与钢管的贴合面必须严格整形，保证钢管扣紧时接触良好，扣件活动部位应能够灵活转动，旋转扣件的旋转面间隙小于 1 mm。

②新扣件应有生产许可证、法定检测单位的测试报告和产品质量合格证。当对扣件质量有怀疑时，应按现行国家标准《钢管脚手架扣件》（GB 15831—2006）的规定抽样检测。

③旧扣件使用前应进行质量检查，有裂缝、变形的严禁使用，出现滑扣的螺栓必须更换。

④新、旧扣件均应进行防锈处理。

3）脚手板。该工程采用木脚手板，做到严密、牢固、铺平、铺稳、铺实，不得有超过 50 mm 的间隙。当然，除此以外，还有其他形式的脚手板如钢脚手板等，但无论采用哪种形式，都应以工程的施工方案为主进行施工。

4）安全网。采用蓝色 2000 目（100 mm×100 mm）密目安全网，其性能要符合国家规定和冲韧试验规定，并应得到地方安全部门的许可。

（2）脚手架人员技术安全准备。

1）架子工必须具备国家标准《特种作业人员安全技术考核管理规则》要求的条件，经培训、考核，取得安全操作证并体检合格，方可从事脚手架安装、拆卸作业。

2）脚手架安装前，架子工应熟悉图纸，熟悉现场具体情况，了解技术交底意图和施工操作方法，并将符合要求的架杆、扣件等材料运至现场，分类堆放。搭设前应清除障碍物，搭设范围内基础土方必须分层夯实平整，并应设置排水沟。

3）架子工作业时，必须戴好安全帽，系好安全带，严禁穿高跟鞋、拖鞋或硬底带钉易滑鞋。工具及零件应放在工具包内，要服从指挥，集中思想，相互配合。拆卸下来的材料不乱抛、乱扔。脚手架作业下方不准站人，架子工不准在脚手架上打闹、开玩笑。

4）在进行攀高作业时，作业人员应从规定的通道上下，不得从阳台之间等非规定通道进行攀登，也不得任意利用吊车臂架等施工设备进行攀登。

3. 脚手架搭设方法

（1）基本要求。脚手架要承受施工过程中的各种垂直和水平荷载，要保证在各种荷载作用下不发生失稳倒塌以及超过容许要求的变形、倾斜、摇晃或扭曲现象，因此，脚手架必须具有足够的承载能力、刚度和稳定性，以确保安全。

在大横杆与立杆的交点处必须设置小横杆，并与大横杆卡牢。立杆下应有底座和垫板。整个架子应设置必要的剪刀撑与连墙点，以保证脚手架成为一个稳固的结构。外脚手架的搭设，应沿建筑物周围连续封闭，如果因条件限制不能封闭时，应设置必要的横向支撑，端部加强设置连墙点。

脚手架搭设应满足工人操作、材料堆放及运输等使用要求。

（2）搭设参数及构造要求。

1）搭设工艺流程。施工准备→地基夯实、垫模板→立杆→搭设扫地杆→搭设纵向水平杆→搭设横向水平杆→与主体连接→

搭设剪刀撑→铺脚手板、挂安全网→分段验收。

落地脚手架随结构搭设，落在地面土层或结构板上，地基土方必须平整夯实，打夯机应依次夯打，均匀分布，不留间隙，密实度达到95%以上，然后铺设100 mm厚的石灰，用打夯机平整夯实，立杆底部用50 mm×100 mm的木方支垫，木方下用18 mm厚模板垫底，也可用木板做垫板，以增大基底受力面积。基底做好防雨措施并向排水沟找坡，外架以外500 mm设排水沟。

落在结构板上的脚手架，应在板底对应脚手架立杆的位置加设顶撑加固，以使脚手架上部荷载直接传入地下，或在脚手架范围内的结构梁板均采用间距1 000 mm的顶撑加固，顶撑设扫地杆、中间设间距1 500 mm的水平拉杆，两边外侧和中间各设竖向剪刀撑，中部设水平斜撑。

2）纵向水平杆、横向水平杆、脚手板。

①纵向水平杆的搭设应符合如下要求：

a. 纵向水平杆宜设置在立杆内侧，其长度不宜少于三跨。

b. 纵向水平杆向上搭接时宜采用对接扣件连接，也可采用搭接。对接、搭接应符合下列规定：

纵向水平杆的对接扣件应交错布置：两根相邻纵向水平杆的接头不宜设置在同步或同跨内；不同步或不同跨两个相邻接头在水平方向错开的距离不应小于500 mm；各接头中心至最近主节点距离不宜大于纵距的1/3，如图3—3所示。

搭接长度不应小于1 m，应等间距设置3个旋转扣件固定，端部扣件盖板边缘至搭接纵向水平杆端的距离不应小于100 mm。

纵向水平杆四周交圈，用直角扣件与内外角立杆固定。

纵向水平杆的步距为1.8 m，栏杆高度为1.2 m。

②横向水平杆。

a. 主节点必须设置在一根横向水平杆上，用直角扣件扣接且严禁拆除，主节点处两个直角扣件的中心距不应大于150 mm。

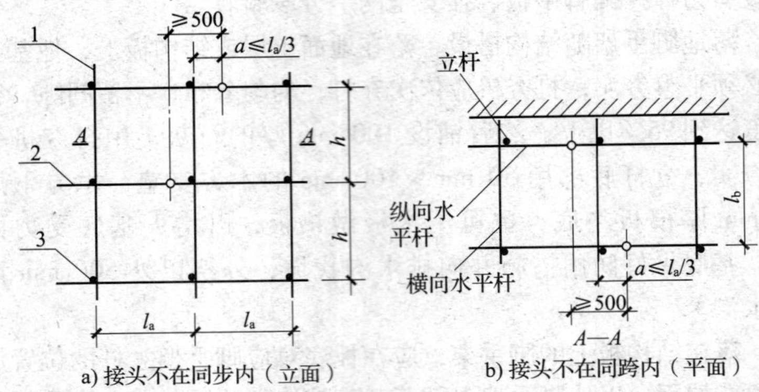

a) 接头不在同步内（立面）　b) 接头不在同跨内（平面）

图 3—3　纵向水平杆对接接头布置

在双排脚手架中，靠墙一端的外伸长度 a 不应大于 0.4L，且不应大于 500 mm。

b. 作业层上非主节点处的横向水平杆宜根据支撑脚手板的需要等间距设置，最大间距不应大于纵距的 1/2。

c. 当使用木脚手板时，双排脚手架的横向水平杆两端均应采用直角扣件固定在纵向水平杆上。

d. 横向水平杆的靠墙一端至装饰面的距离不宜大于 100 mm。

e. 横向水平杆间距为 750 mm。

③脚手板。

a. 结构施工时作业层应铺两层脚手板，装饰施工时，作业层应满铺三层脚手板，应满铺、铺稳，离开墙面 120 ~ 150 mm。

b. 脚手板搭接铺设时，接头必须支在横向水平杆上，搭接长度应大于 200 mm，其伸出横向水平杆的长度不应小于 100 mm，如图 3—4 所示。

c. 作业层端部脚手板探头长度取 150 mm，其板长两端均应与支撑杆可靠地固定。

d. 每四步架满铺一层脚手板，向墙面挑出端部分也要全部封闭（此步架的架井也得封闭死）。

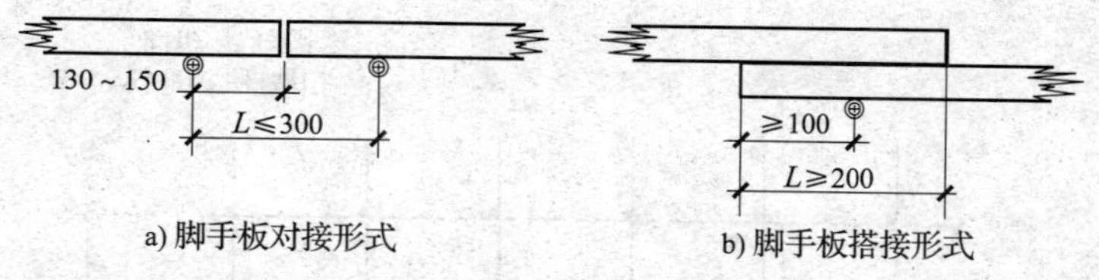

a) 脚手板对接形式

b) 脚手板搭接形式

图 3—4　脚手板外伸长度示意图

e. 脚手架作业层必须有 180 mm 高的挡脚板和高度 1.2 m 的护身栏杆（两道水平钢管紧贴外立杆内侧，用直角扣件扣牢）。

f. 脚手板应在下列部位给予固定：

脚手板的两端和拐角处、沿板长方向间隔 15 ~ 20 m、坡道和平台的两端以及其他可能发生滑动和翘起的部位。

3）立杆。每根立杆底部应设置底座或垫板，垫板宜采用长度不少于两跨、厚度不小于 50 mm 的木板。

立杆纵距为 1.5 m。脚手架必须设纵横向扫地杆。纵向扫地杆应采用直角扣件固定在距底座下皮向上 200 mm 处的立杆上。横向扫地杆也应采用直角扣件固定，在紧靠纵向扫地杆向低处延长两跨与立杆固定，高低差不应大于 1 m。靠边坡上方的立杆轴线到边坡的距离不应小于 500 mm。脚手架底层步距不应大于 2 m。纵、横向扫地杆构造如图 3—5 所示。

必须采用刚性连墙件与建筑物可靠连接，其做法在连墙件中介绍。接长除顶层顶步可采用搭接外，其余各层各步接头必须采用对接扣件连接，对接、搭接应符合下列规定：

①立杆上的对接扣件应交错布置，两根相邻立杆的接头不应设置在同步内，同步内相隔一根立杆的两个相隔接头在高度方向错开的距离不宜小于 500 mm；各接头中心至主节点的距离不宜大于步距的 1/3。

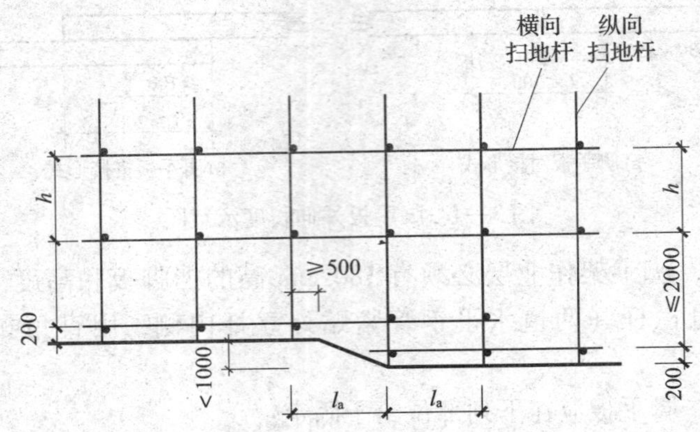

图 3—5　纵、横向扫地杆构造图

②搭接长度不应小于 1 m，应采用不少于 2 个旋转扣件固定，端部扣件盖板的边缘至杆端距离不应小于 100 mm。

顶端宜高出女儿墙上皮 1.2 m，高出檐口上皮 1.5 m。因工程有部分窗台伸出墙身，故搭设横杆时须在断开位置加设横杆加固，如图 3—6 所示。

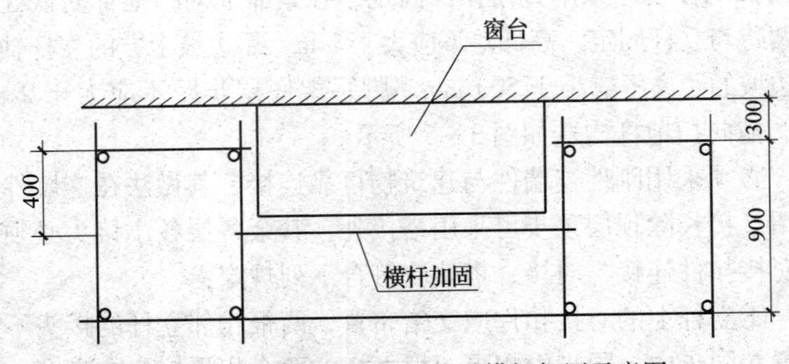

图 3—6　外飘式窗台脚手架设横杆加固示意图

4）剪刀撑和横向斜撑。本工程脚手架设剪刀撑与横向斜撑。剪刀撑的设置应按下列要求搭设：

①每道剪刀撑宽度不应小于 4 跨，且不应小于 6 m，斜杆与

地面的倾角宜为 45°～60°。

②在外架外侧立面整个长度和高度上连续设置剪刀撑。

③剪刀撑斜杆的接长宜采用搭接，搭接长度不小于 1 m，且用不少于 2 个旋转扣件固定，端部扣件盖板的边缘至杆端距离不应小于 100 mm。

④剪刀撑斜杆应用旋转扣件固定在与之相交的横向水平杆的伸出端或立杆上，旋转扣件中心线至主节点的距离不宜大于 150 mm。

⑤架体总高达 24 m 以上时，剪刀撑要求满设、连续布置。

横向斜撑应在同一节间，由底至顶层呈之字形连续布置，在拐角处设置，如图 3—7 所示。

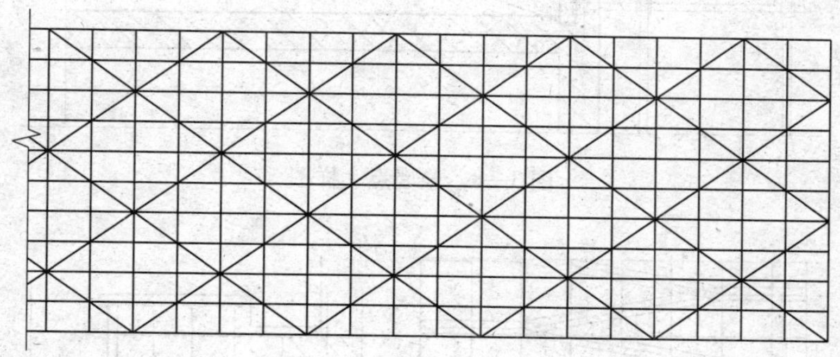

图 3—7　剪刀撑布置图

5）连墙件。连墙件布置：竖向间距 3.6 m，水平间距 4.5 m。连墙件的布置应符合下列规定：

①宜靠近主节点设置，偏离主节点的距离不应大于 300 mm。

②应从底层第一步纵向水平杆处开始设置。

③宜优先采用菱形布置，即梅花形布置。

采用刚性连墙件与建筑物可靠连接，如图 3—8 所示。

6）斜道。在脚手架工程中有一字形和之字形两种斜道，在工程中采用之字形斜道。斜道的断面如图 3—9 所示。

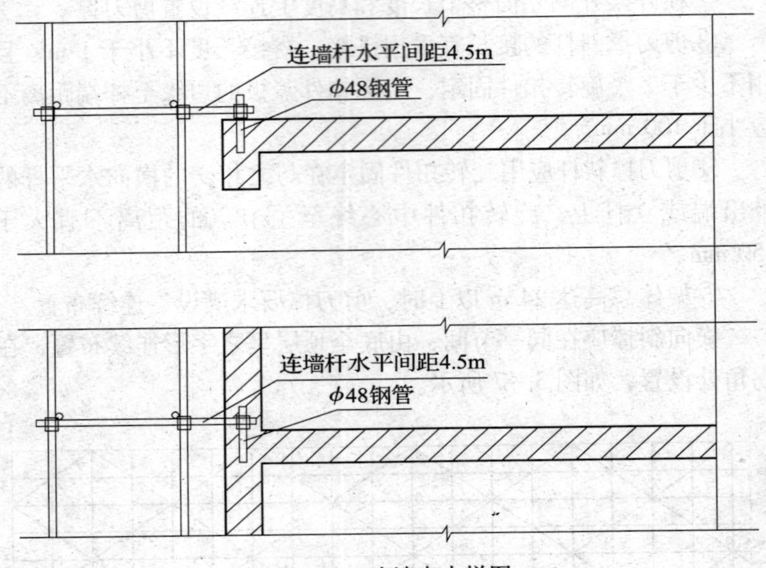

图 3—8　连墙点大样图

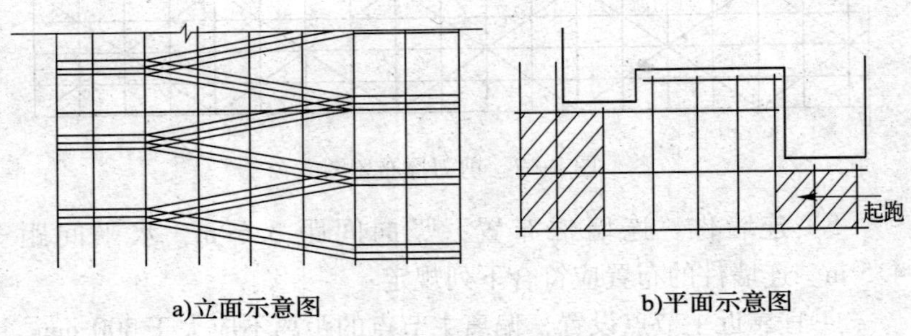

图 3—9　人行斜道示意图

斜道要符合下列要求：

①斜道附着于外脚手架，设置在便于人员通行的脚手架外侧，用安全网封闭。

②坡度为 1∶3，斜道宽度不小于 1 m，转弯处搭设休息平台，

宽度不小于 1.2 m。

③斜道两侧及平台外围均设置 1.2 m 高的栏杆和 180 mm 高的挡脚板，栏杆外围为密目式安全网。

④斜道铺 18 mm 厚的胶合板，上面应每隔 250 ~ 300 mm 设置一根防滑木条，木条厚度为 20 ~ 30 mm。采用搭接法铺脚手板时，接头必须在横向水平杆上，搭接长度不小于 200 mm，板头凸处用三角木填顺；脚手板采用对接时，接头处下面应设两根横向水平杆。

⑤斜道两侧、端部及平台外围必须设置纵向支撑（剪刀撑），宽度大于 2 m 的斜道，在脚手板下的横向水平杆下设置之字形横向支撑。进出口处搭设防护棚，并悬挂标志牌。

7）安全网设置。安全网采用密目式安全网。安全网要有出厂合格证。安全网一律挂在外立杆内侧，从第一步起安全网竖向接口绑扎间距不大于 30 cm，水平上下网与大横杆绑扎间距不大于 50 cm，绑扎均用 16 号铁丝。

8）施工门洞口及通道口处理。当脚手架遇有施工需通行的建筑门洞口时，可按下列要求处理：

在门洞口抽取一根立杆时，在脚手架内、外两侧设置人字形斜杆；在门洞口抽取两根立杆时，除在脚手架内、外两侧设置人字形斜杆外，还应在门洞口上的纵向水平杆加斜杆加强。门洞口两侧立杆应改为双钢管加强，如图 3—10 所示。

9）卸荷方法。由于单立杆双排脚手架限高 50 m，所以在本工程的落地式脚手架加设卸荷措施。搭设方法如下：在需设卸荷层的外梁、柱边预埋 ϕ16 mm 吊环，吊环采用 Ⅰ 级圆钢，埋入深 30d 与结构主筋绑扎，用两组 ϕ14 mm 钢丝绳分别拉紧下一层的内外小横杆节点处。绳端分别用 3 个绳索固定，中间用花篮螺栓调紧，组成斜拉式桁架卸载结构，如图 3—11 所示。选用的 2.1 号卡环，其安全荷重 21 kN，大于卸荷钢丝绳的最大拉力（9.846 kN）。

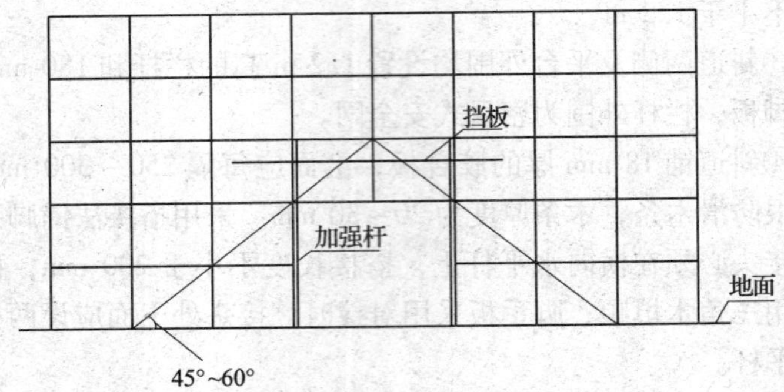

图 3—10 施工门洞口及通道口示意图

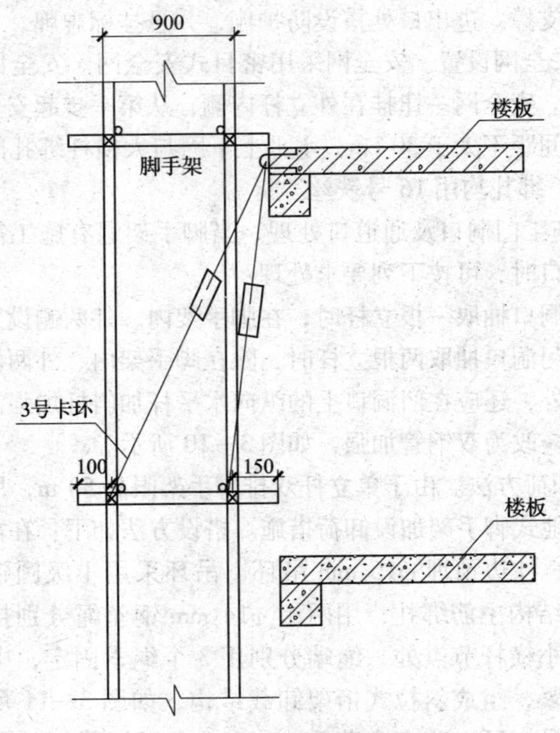

图 3—11 斜拉式桁架卸载结构图

卡环数量计算：

$$n_2 = 2.5\frac{P}{T}$$

式中 n_2——卡环需用数量，个；

P——钢丝绳上所受综合计算荷载，取 $P = 9.846$ kN；

T——拴紧卡环螺母时螺栓所受的力，取 $T = 15.19$ N。

经计算得 $n_2 = 2.5 \times 9.846$ kN/15.19 N = 1.6（个）。本工程采用 3 号卡环，如图 3—11 所示。

（3）外脚手架的平面及立面布置。

1）平面布置。立杆纵向间距为 1 200 mm，横向间距为 900 mm，内排立杆与建筑物的距离为 200 mm，落地脚手架下端垫木方并设置扫地杆。立杆与大横杆必须用直角扣件扣紧，不得隔步设置和遗漏，且立杆的直接头应相互错开 0.5 节长，其接头距离大横杆的距离不大于步距的 1/3。

2）立面布置。大横杆步距为 1 800 mm，上下横杆的接长位置错开布置，错开距离不小于纵距的 1/3，剪刀撑要求满设，并沿架高连续布置，斜杆与立杆接触部位均用旋转扣件扣紧，其与水平杆的夹角为 45°～60°，剪刀撑的节点应在同一水平线和垂直线上，其接长必须用搭接，搭接长度不少于 400 mm，且不少于 3 个扣件，除在两头与立杆和大横杆连接外，中间还增加2～4 个节点。立杆和大横杆交点处一定设小横杆。在外排上下大横杆中间设水平横杆一道，作为栏杆扶手。

（4）安全防护措施搭设。

1）临边作业。

①结构临边防护措施。在结构出入阳台的门窗洞口处设置封闭式防护栏杆，使用材料采用 ϕ48 mm × 3.5 mm 钢管。其高度不低于 1.2 m，立杆间距不大于 1.5 m，竖向每隔 0.6 m 设一道通长大横杆，每隔一根立杆设一道三脚架。

沿钢管长度方向刷黄黑间隔的油漆、挂醒目标志牌；护身栏杆满挂密目安全网，白天设警示牌、夜间设红色标志灯。

②楼梯间防护措施。楼梯的侧边利用脚手架做安全防护，架子立管从楼梯井内搭设，侧边沿楼梯坡度方向做一道 1.2 m 高的护身栏杆，侧边底部设 18 cm 高的挡脚板。

2）洞口作业。进行洞口作业以及在因工程和工序需要而产生的使人与物有坠落危险或在危及人身安全的其他洞口进行高处作业时，必须按下列规定设置防护设施：

①板与墙的洞口必须设置牢固的盖板、防护栏杆、安全网或其他防坠落的防护设施。

②电梯井口必须设置防护栏杆或固定栅门，电梯井内应每隔两层并最多隔 10 m 设一道安全网。

③施工现场通道附近的各类洞口与坑槽等处除设置防护设施与安全标志外，夜间还应设红灯示警。

洞口根据具体情况采取设防护栏杆、加盖件、张挂安全网与装栅门等措施时，必须符合以下要求：

①楼板、屋面和平台等面上短边尺寸小于 25 cm 但大于 2.5 cm的孔口，必须用坚实的盖板盖设。盖板应能防止挪动移位。

②楼板面等处边长为 25 ~ 50 cm 的洞口、安装预制构件时的洞口以及缺件临时形成的洞口，可用竹、木等做盖板盖住洞口。盖板须能保持四周搁置均衡，并有固定其位置的措施。

③边长为 50 ~ 150 cm 的洞口，必须设置以扣件扣接钢管而成的网格，并在其上满铺竹笆或脚手板。也可采用贯穿于混凝土板内的钢筋构成防护网，钢筋网格间距不得大于 20 cm。

④边长在 150 cm 以上的洞口，四周设防护栏杆，洞口下部设安全网。

⑤垃圾井道和烟道应随楼层的砌筑或安装而消除洞口，或参照预留洞口做防护。管道井施工时，除按上款办理外，还应加设明显的标志。如有临时性拆移，需经施工负责人核准，工作完毕

后必须恢复防护设施。

⑥对于墙面等处的竖向洞口，凡落地的洞口均应加装开关式、固定式的防护门，门栅网格的间距不应大于15 cm，也可采用防护栏杆，下设挡脚板。

⑦对于下边沿至楼板或底面低于80 cm的窗台等竖向洞口，如侧边落差大于2 m时，应加设1.2 m高的临时护栏。

⑧对邻近的人与物有坠落危险性的其他竖向的孔、洞口，均应予以盖设或加以防护，并具备固定其位置的措施。

3）悬空作业。模板支撑和拆卸时的悬空作业，必须遵守下列规定：

①支模应按规定的作业程序进行，模板未固定前不得进行下一道工序。严禁在连接件和支撑件上攀登上下，并严禁在上下同一垂直面上装、拆模板。结构复杂的模板，装、拆应严格按照施工组织设计的安全技术措施进行。

②支设高度在3 m以上的柱模板，四周应设斜撑，并应设立操作平台。低于3 m的可使用马凳操作。

③支设悬挑形式的模板时，应有稳固的立足点。支设临空构筑物模板时，应搭设支架或脚手架。模板上有预留洞时，应在安装后将洞盖好。混凝土板上拆模后形成的临边或洞口，应按本规范有关章节进行防护。

钢筋绑扎时的悬空作业必须遵守下列规定：

①绑扎钢筋和安装钢筋骨架时，必须搭设脚手架和马道。

②绑扎圈梁、挑梁、挑檐、外墙和边柱等钢筋时，应搭设操作台架和张挂安全网。

③绑扎立柱和墙体钢筋时，不得站在钢筋骨架上或攀登骨架上下。3 m以上的柱钢筋必须搭设操作平台。

混凝土浇筑时的悬空作业必须遵守下列规定：

①浇筑离地2 m以上的框架、过梁、雨篷和小平台时，应设操作平台，不得直接站在模板或支撑件上操作。

②浇筑拱形结构时，应自两边拱脚对称地相向进行。浇筑储仓时，下口应先行封闭，并搭设脚手架，以防人员坠落。

③特殊情况下如无可靠的安全设施，必须系好安全带并扣好保险钩，或架设安全网。

4）交叉作业。支模、粉刷、砌墙等各工种进行上下立体交叉作业时，不得在同一垂直方向上操作。下层作业的位置必须处于依上层高度确定的可能坠落范围半径之外。不符合以上条件时，应设置安全防护层。

钢模板、脚手架等拆除时，下方不得有其他操作人员。

结构施工自二层起，凡人员进出的通道口（包括井架、施工用电梯的进出通道口），均应搭设安全防护棚。高度超过 24 m 的层次上的交叉作业，应设双层防护，进出人员必须佩戴安全帽。

由于上方施工可能坠落物件或处于起重机把杆回转范围之内的通道，在其受影响的范围内，必须搭设顶部能防止穿透的双支防护廊。

5）防雷电措施。本工程脚手架接地、避雷措施执行《施工现场临时用电安全技术规范》（JGJ 46—2005）标准。

工程采用避雷针与大横杆连通、接地线与整栋建筑物楼层内避雷系统连成一体的措施。

每栋楼各设置 4 根避雷针，避雷针采用 ϕ12 mm 镀锌钢筋制作，高度 1.5 m，设置在脚手架四角立杆上，并将所有最上层的大横杆全部连通，形成避雷网络。

接地线采用 40 mm × 4 mm 的镀锌扁钢，将立杆分别与建筑物楼层内的避雷系统连成一体。接地线的连接牢靠，与立杆连接采用 2 道螺栓卡箍连接，螺钉加弹簧垫圈，以防止松动，并保证接触面积不小于 10 mm^2，并将表面的油漆及氧化层清除干净，露出金属光泽，并涂以中性凡士林。

接地线与建筑物楼层内避雷系统的设置按脚手架的长度不超

过50 m设置一个（本工程按照南北各3个的原则设置，设置由项目机电部完成），位置尽量选在避开人员经常走动的地方，以避免跨步电压的危害，防止接地线遭机械破坏。两者的连接采用焊接，焊接长度大于2倍的扁钢宽度。焊完后再用接地电阻测试仪测定电阻，要求冲击电阻不大于10 Ω，同时注意检查与其他金属物体或埋地电缆之间的安全距离不小于3 m，以避免发生击穿事故。

（5）脚手架搭设注意事项。

1）严禁ϕ48 mm和ϕ51 mm钢管及其相应扣件混用。

2）立杆应按立杆接长要求选择不同长度的钢管交错布置，至少应有两种适合的不同长度的钢管做立杆。

3）一定要采取先搭设起始段而后向前延伸的方式。当两组作业时，可分别从相对角开始搭设。

4）连墙件和剪刀撑应及时设置，不得滞后超过2步。

5）杆件端部伸出扣件之外的长度不得小于100 mm。

6）在顶排连墙件之上的架高（以纵向平杆计）不得多于2步。

7）剪刀撑的斜杆与基本构架结构杆件之间至少有3道连接，其中，斜杆的搭接接头部位至少有1道连接。

8）周边脚手架的纵向平杆必须在拐角处交圈并与立杆连接固定。

9）作业层的栏杆和挡脚板一般应设在立杆的内侧。

10）在搭设中不得随意改变构架设计、减少杆配件设置和对立杆纵距做大于或等于100 mm的构架尺寸放大。

（6）脚手架使用注意事项。

1）作业层每1 m^2架子上实用的施工荷载（人员、材料和机具重量）不得超过以下规定值或施工设计值。

①施工荷载的标准值：结构脚手架取3 kN/m^2。

②装修脚手架取2 kN/m^2。

2）在架板上堆放标准砖不得多于单排立码三层；砂浆和容器总重不得大于1.5 kN；施工设备单重不得大于1 kN；使用人力在架上搬运和安装的构件自重不得大于2.5 kN。

3）在架子上设置的材料应码放整齐稳固，不影响施工操作和人员通行。

4）在作业中禁止随意拆除脚手架的基本构架杆件、整体性杆件、连接紧固件和连墙件。确因操作要求需临时拆除时，必须经主管人员同意，采取相应弥补措施，并在作业完毕后及时予以恢复。

5）人员上下脚手架必须走设安全防护的出入通（梯）道，严禁攀登脚手架上下。

6）在作业期间，应及时清理落入架上及安全网内的材料和物品。在任何情况下，严禁自架上向下抛掷材料、物品和倾倒垃圾。

（7）脚手架使用过程中的检查。

1）脚手架及其地基基础应在下列阶段进行检查：

①基础完工后及脚手架搭设前。

②作业层上施加荷载前。

③每搭设完10～13 m高度后。

④达到设计高度后。

⑤遇有六级大风与大雨后，以及寒冷地区开冻后。

⑥停用超过1个月。

2）脚手架使用中应定期检查下列项目：

①杆件的设置和连接，连墙件、支撑、门洞桁架等的构造是否符合要求。

②地基是否积水，底座是否松动，立杆是否悬空。

③扣件螺栓是否松动。

④高度在24 m以上的脚手架，其立杆的沉降与垂直度的偏差是否符合规范要求。

⑤安全防护措施是否符合要求。

⑥是否超载。

（8）脚手架拆除。

1）拆除脚手架前的准备工作如下：

①应全面检查脚手架的扣件连接、连墙件、支撑系统等是否符合构造要求。

②应根据检查结果补充完善施工组织设计中的拆除顺序和安全保障措施，经主管部门批准后方可实施。

③应由单位工程负责人进行拆除前的安全技术交底。架子工应了解拆卸技术交底意图和操作方法，拆除范围内的护栏和警示标志应设置完备。

④应清除脚手架上的杂物及地面障碍物。

⑤凡遇六级以上大风或下雨时，不得进行作业，雨后作业应待脚手架上雨水吹干后进行，以防止滑落。

⑥在靠近电源处搭拆脚手架时，必须将电源先切断或变更位置后方可进行，不允许将电源线拉在脚手架上，以防漏电伤人。

2）拆除脚手架时应符合如下要求：

①拆除前，先要进行全面检查，要保证架体上的建筑物的外装修饰面和吊顶全部施工完毕，验收合格，形成共识、会签拆除通知单后方可进行拆除作业。

②再次全面检查架体上的扣件连接点，根据结果对后拆的松动杆件、扣件等进行加固，以保证拆除过程的安全。

③清理架体上的杂物及多余的脚手板、钢管等建筑材料，包括各种拆除下来的材料，集中在上料平台上及时用塔吊运送至指定地点，严禁抛掷。

④每拆除一步架后，都要配合装修队伍，割除凸出墙面的预埋铁件，完善外装修的未了事宜，验收合格后，方可进行下一道工序的拆除。

⑤拆除作业必须由上而下逐层进行，严禁上下同时作业。拆

除脚手架的原则是：后安装的先拆，先安装的后拆。同一部位的拆除顺序是：栏杆→脚手板→剪刀撑→大横杆→小横杆→立杆。

⑥拆除脚手架应由专人指挥，上下呼应，左右协作，当拧开与另一人有关的扣件时，应提醒对方。拆除下来的各部位应用滑轮或绳索运送到指定位置，不得从高空向下抛掷。

⑦连墙件必须随脚手架逐层拆除，严禁先将连墙件整层或数层拆除后再拆外脚手架；分段拆除高差不应大于2步，如高差大于2步，应增设连墙件加固。

⑧当脚手架拆至下部最后一根长杆的高度（约6.5 m）时，应先在适当位置搭设临时抛撑加固后，再拆除连墙件。

⑨当脚手架采取分段、分立面拆除时，对不拆除的脚手架两端，应按规定设置连墙件和横向斜撑加固。

⑩脚手架拆除过程中不能中途换人，如必须换人，则应该在安全技术交底中交代清楚。

⑪卸料时应符合下列规定：

严禁将各构配件如钢管、扣件抛掷至地面；运至地面的构配件应按规定及时检查、整修与保养，并按品种、规格随时码堆存放。

（9）安全施工措施。

1）材质及其使用的安全技术措施。

①扣件的紧固程度宜在40～50 N·m，并且不大于65 N·m，对接扣件的抗拉承载力为3 kN。对接扣件安装时其开口应向内，以防进雨水，直角扣件安装时开口不得向下，以保证安全。

②各杆件端头伸出扣件盖板边缘不小于100 mm。

③钢管有严重锈蚀、压扁或裂纹的不得使用，禁止使用有脆裂、变形、滑扣等现象的扣件。

④外脚手架严禁钢竹、钢木混搭，禁止扣件、绳索、钢丝、竹篾、塑料混用。

⑤严禁将ϕ48 mm与ϕ51 mm的钢管混合使用。

⑥钢管和扣件均要现场取样送检，合格后方可使用。

2）脚手架搭设的安全技术措施。

①脚手架的基础必须经过硬化处理满足承载力要求，做到不积水、不沉陷，顶板基础的混凝土必须达到设计强度的75%以上才能施工。

②搭设过程中划出工作标志区，禁止行人进入，统一指挥、上下呼应、动作协调，严禁在无人指挥下作业。当解开与另一人有关的扣件时必须先告诉对方，并得到允许，以防坠落伤人。

③开始搭设立杆时应每隔6跨设置一根抛撑，直至连墙件安装稳定后，方可根据情况拆除。

④脚手架应及时与结构拉结牢固或采取临时支顶，以保证搭设过程安全，未完成的脚手架，在每日收工前一定要确保架子稳定。

⑤脚手架必须配合施工进度搭设，一次搭设的高度不得超过相邻连墙件以上两步。

⑥在搭设过程中应由安全员、架子班长等进行检查、验收和签证。每两步验收一次，达到设计施工要求后挂合格牌。

3）脚手架上施工作业的安全技术措施。

①结构外脚手架每支搭一层，经项目经理部安全员验收合格后方可使用，任何班组长和个人未经同意不得任意拆除脚手架部件。

②严格控制施工荷载，脚手板上不得集中堆放荷载，施工荷载不得大于3 kN/m^2，确保有较大安全储备。

③结构施工时不允许三层同时作业，装修施工时同时作业层数不超过两层，临时使用的悬挑脚手架同时作业层数不超过一层。

④当作业层高出其下连墙件3.1 m以上且其上尚无连墙件时，应采取适当的临时抛拉措施。

⑤各作业层之间设置可靠的防护栏杆，以防止坠落物体伤人。

⑥定期检查脚手架，以便及时发现问题和隐患，在施工作业前及时维修加固，以达到坚固稳定，确保施工安全。

4）脚手架拆除的安全技术措施。

①脚手架搭拆人员必须是经过考核的专业架子工，并持证上岗。连墙件应在位于其上的全部可拆杆件都拆除之后才能拆除。

②拆架前，全面检查待拆脚手架，根据检查结果，拟订出作业计划，报请批准，进行技术交底后才可进行准备工作。

③架体拆除前，必须察看施工现场环境，包括架空线路、外脚手架、地面的设施等各类障碍物、地锚、揽风绳、连墙杆及被拆除架体各吊点、附件、电器装置情况，凡能提前拆除的尽量拆除掉。

④拆除时应划出作业区，周围设绳绑围栏或树立警示标志，地面设专人围护，禁止非作业人员进入。

⑤拆除时要统一指挥、上下呼应、动作协调，当解开与另一人有关的扣件时必须先告诉对方并得到允许，以防坠落伤人。

⑥拆架时不得中途换人，如必须换人时，应将拆除情况交代清楚后方可离开。

⑦每天拆架下班时，不应留下隐患部位。

⑧拆架时严禁碰撞脚手架附近的电源线，以防发生触电事故。

⑨在拆除过程中，凡松开连接的杆、配件应及时拆除运走，避免误扶、误靠已松脱的杆件。拆除的杆、配件严禁向下抛掷，应吊至地面，同时做好配合协调工作。禁止单人进行拆除较重杆件等危险性作业。

⑩所有杆件和扣件在拆除时应分离，不准在杆件上附着扣件或两杆连着送至地面。

⑪所有的脚手板应自外向里竖立搬运，以防止脚手板和垃圾物从高处坠落伤人。

⑫拆除的零配件要装入容器内，用吊篮吊下；拆下的钢管要

绑扎牢靠，双点起吊，严禁从高空抛掷。

⑬六级风以上（含六级）时停止拆除脚手架施工。

（10）文明施工要求。根据脚手架施工的特殊性，结合现场实际条件及相关程序文件，要求施工时做到：

1）进入施工现场的人员必须戴好安全帽，高空作业系好安全带，穿好防滑鞋等，现场严禁吸烟。

2）进入施工现场的人员要爱护场内的各种绿化设施和标志牌，不得践踏草坪、损坏花草树木、随意拆除和移动标志牌。

3）严禁酗酒人员上架作业，施工操作时要求精力集中，禁止开玩笑和打闹。

4）脚手架搭设人员必须是经考试合格的专业架子工，上岗人员要定期体检，体检合格者方可发上岗证。凡有高血压、贫血、心脏病及其他不适宜高空作业者，一律不得上脚手架操作。

5）上架子作业人员上下均应走人行梯道，不准攀爬架子。

6）护身栏、脚手板、挡脚板、密目安全网等影响作业班组支模时，如需要拆改时，应由架子工来完成，任何人不得任意拆改。

7）脚手架验收合格后任何人不得擅自拆改，如需作局部拆改时，须经技术部同意后由架子工操作。

8）不准利用脚手架吊运重物；作业人员不准攀登架子上下作业面；不准推车在架子上跑动；塔吊起吊物体时不能碰撞和拖动脚手架。

9）不得将模板支撑、泵送混凝土及砂浆的输送管等固定在脚手架上，严禁任意悬挂起重设备。

10）在架子上的作业人员不得随意拆动脚手架的所有拉结点和脚手板，以及扣件绑扎扣等所有架子部件。

11）拆除架子而使用电焊气割时，应派专职人员做好防火工作，防止火星和切割物溅落。

12）脚手板使用时间较长，因此，在使用过程中需要进行检查，发现地基下沉、杆件变形严重、防护不全、拉结松动等问题要及时解决。

13）要保证脚手架体的整体性，不得与施工电梯等一并拉结，不得截断架。

14）施工人员严禁凌空抛掷杆件、物料、扣件及其他，材料、工具用滑轮和绳索运输，不得乱扔。

15）使用的工具要放在工具袋内，防止掉落伤人；登高要穿防滑鞋，袖口及裤口要扎紧。

16）脚手架堆放场地做到整洁、摆放合理、专人保管，并建立严格领料手续。

17）施工人员做到活完、料净、脚下清，以确保脚手架施工材料不浪费。

18）运至地面的材料应按指定地点随拆随运，分类堆放，当天拆当天清，拆下的扣件和钢丝要集中回收处理，应及时整理、检查，按品种、分规格堆放整齐，妥善保管。

19）六级以上（含六级）大风、大雪、大雾、大雨天气停止脚手架作业。在冬期、雨期要经常检查脚手板、斜道板、跳板上有无积雪、积水等物，若有则应随时清扫，并要采取防滑措施。

二、扣件式满堂脚手架

满堂脚手架在工程应用中一般多使用于层高较高的装饰工程，或者是主体模板工程的支撑体系和一些层高较高的安装工程，满堂脚手架有扣件式及门式两种脚手架。

下面继续用例子对扣件式满堂脚手架工程的知识进行介绍。

1. 工程简介

某厂房主体为框架结构，总建筑面积为 91 505.52 m^2，分为地下室一层、地上三层及屋顶一层。其中地下室建筑面积为 22 738.61 m^2，高 4 m；地上一层建筑面积为 22 656.59 m^2，高 6 m；地上二层建筑面积为 22 545.66 m^2，高 6 m；地上三层建筑面积为 22 545.66 m^2，高 6 m；屋突一层建筑面积为 1 019 m^2。地下室一层及地上三层的柱网均为 12 m×8.4 m（局部为 10 m×8.4 m）。

根据上述内容，本工程采用满堂脚手架为支撑体系脚手架，布置在该厂房内部整个空间，该脚手架主要用于上部结构的支撑，如图 3—12 所示。

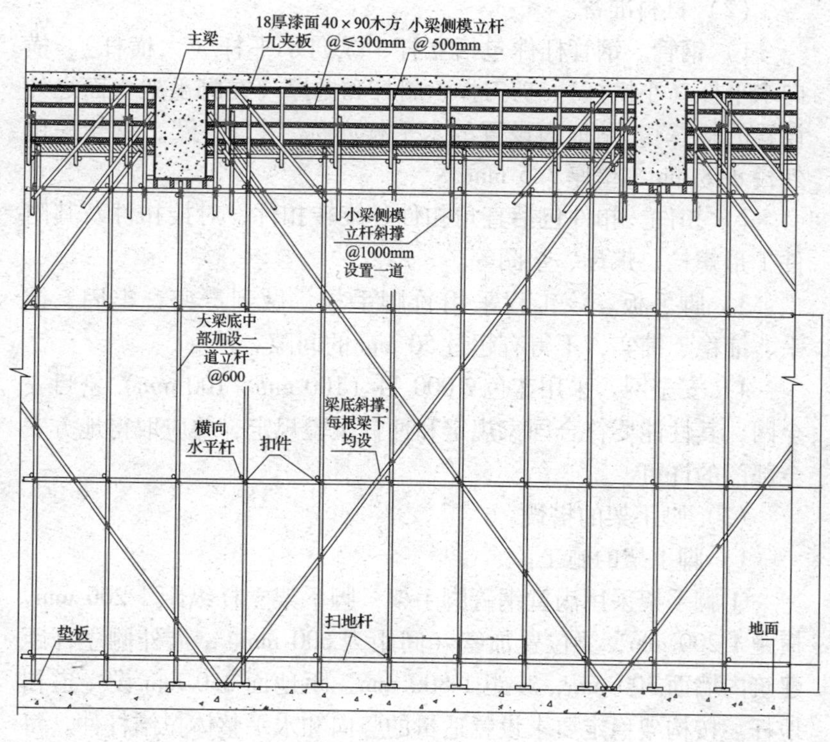

图 3—12　框架梁板支设加固示意图

2. 施工准备

（1）施工前的准备。

1）脚手架施工前，技术员和工长应对现场的施工作业人员进行施工技术交底，以确保在施工过程中明确相关的施工技术要点。

2）对进入施工现场的脚手架材料，必须进行严格的检查，如果出现不符合相关质量标准的材料，不允许进入施工现场。

3）进入施工现场的材料应按品种、规格进行分类，并堆放整齐、平稳，堆放场地不得有积水。

4）清除该厂房内部杂物，以利于脚手架搭设。

（2）材料准备。

1）钢管。钢管杆件包括立杆、纵向水平杆（大横杆）、横向水平杆（小横杆）、剪刀撑、斜杆和抛撑（在脚手架立面之外设置的斜撑），贴地面设置的水平杆亦称“扫地杆”，钢管采用外径 ϕ48 mm，壁厚 3.5 mm。

2）扣件。扣件包括直角扣件、旋转扣件、对接扣件及其附件 T 形螺栓、螺母、垫圈等。

3）脚手板。该工程采用竹脚手板，做到严密、牢固、铺平、铺稳、铺实，不得有超过 50 mm 的间隙。

4）安全网。采用蓝色 2 000 目（100 mm×100 mm）密目安全网，其性能要符合国家规定和冲韧试验规定，并应取得地方安全部门的许可。

（3）脚手架的搭设。

1）脚手架的施工。

①脚手架采用满堂钢管脚手架，脚手架立杆纵距 1 200 mm，横距 1 200 mm，梁位置加密（间距为 600 mm），最外侧立杆距建筑内墙面 300 mm，步距 1 800 mm，距地面 250 mm 设一道扫地杆。按构架稳定要求设置适量的竖向和水平整体拉结杆件。每 6 m 长度设置纵横剪刀撑，每根梁下均设斜撑。

②相邻立杆接头要错开，对接用对接扣件连接或采用双扣件搭接，搭接长度不小于 800 mm。立杆的垂直偏差不得大于架高的 1/200，两根钢管呈任意角度交叉连接用旋转扣件，大横杆接头要错开，大横杆与立杆用直角扣件连接。

③脚手板采用竹脚手板，在架子顶端操作面铺成条状，辅以安全网满铺，以确保安全。脚手板与脚手架必须用铁丝绑扎，以防翘起，要求铺稳，离开墙面 120 ~ 150 mm。

2）脚手架搭设注意事项。

立杆搭设应符合下列规定：

①严禁将 ϕ48 mm 与 ϕ51 mm 的钢管混合使用。

②相邻立杆的对接扣件不得在同一高度内，错开距离应符合如下相关要求：立杆的对接扣件应交错布置，两根相邻立杆的接头不应设置在同步内，同步内隔一根立杆的两个相邻接头在高度方向错开距离不宜小于 500 mm；各接头中心至主接头的距离不宜大于步距的 1/3。

③顶层立杆接头长度不应小于 1 m，应采用不少于 2 个旋转扣件固定，端部扣件盖板的边沿至杆端距离不应小于 100 mm。

④立杆下严禁垫设砖块，高度不够时可垫设木砖或木楔。

水平杆搭设应符合下列规定：

①水平杆宜设置在立杆内侧，其长度不宜小于 3 跨。

②水平杆接长宜采用对接扣件连接，也可采用搭接。对接、搭接应符合下列规定：

a. 水平杆的对接接头应交错布置：两根相邻纵向水平杆的接头不宜设置在同步或同跨内；不同步或不同跨两相邻接头在水平方向错开的距离不应小于 500 mm；各接头中心至最近主接点的距离不宜大于纵距的 1/3。

b. 搭接长度不应小于 1 m，应等间距设置 3 个旋转扣件固定，端部扣件盖板边沿至搭接纵向水平杆杆端的距离不应小于 100 mm。

本工程的脚手架采用的是满堂脚手架，满堂脚手架水平杆的靠墙一端至装饰墙面的距离不宜大于 100 mm。剪刀撑的搭设应满足如下要求：满堂脚手架每 6 m 长度设置纵横剪刀撑，以确保在施工荷载偏于一边时，整个架子不会出现变形。

扣件安装应符合如下规定：

①扣件规格必须与钢管外径相同。

②螺栓拧紧扭力矩不应小于 40 N·m，经过 65 N·m 检验，不允许破坏。

③在主节点处固定水平杆、剪刀撑等用的直角扣件、旋转扣件的中心点的相互距离不应大于 150 mm。

④对接扣件开口应朝上或朝下。

⑤各杆件端头伸出扣件盖板边沿的长度不应小于 100 mm。

脚手板的铺设应符合如下规定：

①脚手板应铺满、铺稳，离开墙面 120 ~ 150 mm。

②采用对接或搭接时，脚手板探头应用直径 3.2 mm 的镀锌钢丝固定在支撑杆上。

③在拐角的脚手板应与横向水平杆可靠连接，以防止滑动。

（4）脚手架的拆除。

1）脚手架的拆除。应按顺序由上而下一步一清、逐层向下的顺序进行，严禁上下同时作业。所有固定件应随脚手架逐层拆除，严禁先将固定件整层或数层拆除后再拆除脚手架。分段拆除高度应不大于 2 步，如高度差大于 2 步，应按开口脚手架进行加固，当拆除至脚手架下部最后一节立杆时，应先加临时抛撑加固后再拆固定件。卸下的材料应集中堆放。

脚手架拆除前，应由单位工程负责人对脚手架进行全面检查，确认可以拆除后方可拆除，严禁个人私自拆除钢管和扣件另做他用，并应在拆除前制定拆除方案，清除所有多余物件。

拆除脚手架时，必须划出安全区，设警戒标志，并设专人看管拆除现场，严禁大量非作业人员进入警戒区域。

拆除脚手架的原则如下：先安装的后拆，后安装的先拆。从顶层开始，自上而下按下列程序进行：挡脚板、脚手板、横杆、剪刀撑、立杆、斜杆。

拆除的杆件部件应用吊具送下或用人工搬下，禁止从高空向下抛掷。

严禁上下同时作业，严禁采用推倒或拉倒的方法进行拆除。严禁使用锤子等硬物敲打、撬挖。拆下的连接件应放入袋中。

局部脚手架如需保留时，应有专项技术措施，经由一级技术负责人批准，经安全部门及使用单位验收办理签字手续后方能使用。

拆除到地面的构配件应及时清理、维护并分类堆放，以便运输和保管。

2）脚手架拆除应注意的事项。

拆除脚手架前的准备工作应符合下列规定：

①应全面检查脚手架的扣件连接、支撑体系等是否符合构造要求。

②应根据检查结果补充完善施工组织设计中的拆除顺序和措施，经主管部门批准后实施。

③应由单位工程负责人进行拆除安全技术交底。

④应清除脚手架上的杂物及地面障碍物。

拆除脚手架时，应符合下列规定：

①拆除作业必须由上而下逐层进行，严禁上下同时作业。

②当脚手架采取分段、分立面拆除时，对不拆除的脚手架两端要设置斜撑加固。

卸料时应符合下列规定：

①各构配件严禁抛掷至地面。

②运至地面的构配件应及时检查、整修与保养，并按品种规格随时码堆存放。

（5）脚手架施工的管理。所有的架子工应持有效上岗证上岗。搭、拆架子前应对操作人员进行详细的安全技术交底。脚手架应分段搭设、分段验收，经验收合格挂牌后才能使用。在搭设内脚手架时，外脚手架要及时跟上，并高出内脚手架操作面一步。脚手架在使用期间应定期进行检查，发现问题要及时处理。

使用期间要做好防护及维修工作，材料、设备等吊装时，严禁碰撞脚手架。

（6）安全及文明施工。

1）安全施工。

①脚手架的搭设要严格按照前述要求进行施工，不允许随意进行修改或不按规范要求进行施工。

②脚手架在使用过程中严禁超负荷运行，要严格按照脚手架所设计的负荷进行施工。

③脚手架搭设完毕后，应进行全面认真地检查，并经施工负责人员及专职安全员验收后方准使用。

④不得随意将电线绑扎在脚手架上，主要过往道外应搭设全封闭人行过道。

⑤施工人员应正确使用个人施工防护用品，遵守安全防护规定，进入现场要戴好安全帽，禁止穿高跟鞋、拖鞋或光脚，在没有防护设施的高处作业时要系好安全带。

⑥施工用电要做到电线不乱接乱拉，机械设备实行一机一闸，施工用电线路要架空，并保证接地良好，绝缘性能良好。

⑦脚手架及机电设备按规定设置保护接零并重复接地装置。

2）文明施工。

①在施工现场临时堆放的材料，应一律按施工综合进度和有关要求，有计划、有条理地进场堆放和组装，如中途有变动，则应按项目组的要求及时处理。

②施工准备和实施过程中必须使用的机具应摆放整齐，并有防潮、防雨、防漏电和施工现场保养等措施。

③施工人员应养成每天下班前清理回收废料的良好习惯。

④作业现场保持清洁整齐，安全防护设施完善，建筑垃圾不得乱堆、乱放、乱甩，做到工完料清，垃圾日产日清。

⑤执行标准化作业，施工现场保持整洁，保持进出道路畅通。

模块二　门式脚手架

门式脚手架是国际上应用最为普遍的脚手架之一，已形成系列产品，结构合理、品种齐全，各种配件多达 70 种。门式钢管脚手架的搭设高度，当两层同时作业的施工总荷载不超过 3 kN/m^{2}时，可以搭设 60 m 高；当为 3 ~ 5 kN/m^2 时，则限制在 45 m 以下，如图 3—13 所示。

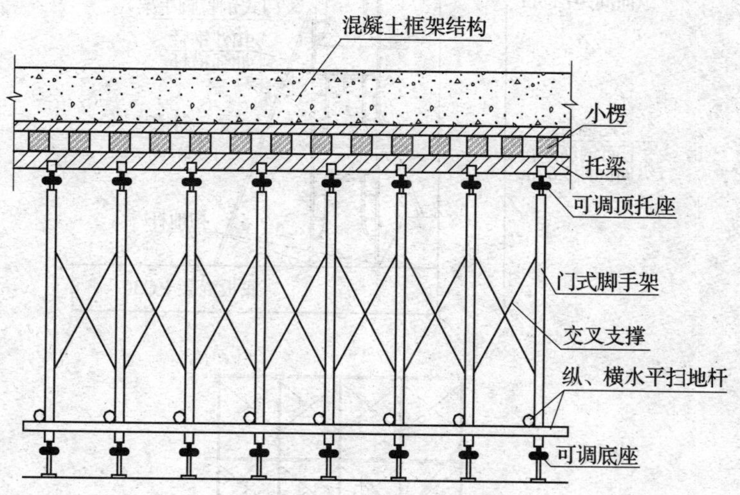

图 3—13　门式钢管脚手架基本组成安装图

下面我们通过例子对门式钢管脚手架的相关技术及安全知识进行介绍。

一、工程简介

某市的地下轨道交通某号线某站在明挖基坑内，为方便进行侧墙上部基面处理、侧墙防水板铺设及钢筋绑扎工作等作业，故采用门式脚手架作为临时支撑，其主要承重为施工作业人员和部分设备。

其门式钢管脚手架根据作业高度，搭设 2 ~ 3 层，为保证作业方便，在门式钢管脚手架外挑 50 cm，内侧设置悬臂平台，平台上满铺 5 cm 厚的木板，木板跨度为 1. 83 m。门式钢管脚手架搭设施工图如图 3—14 所示。

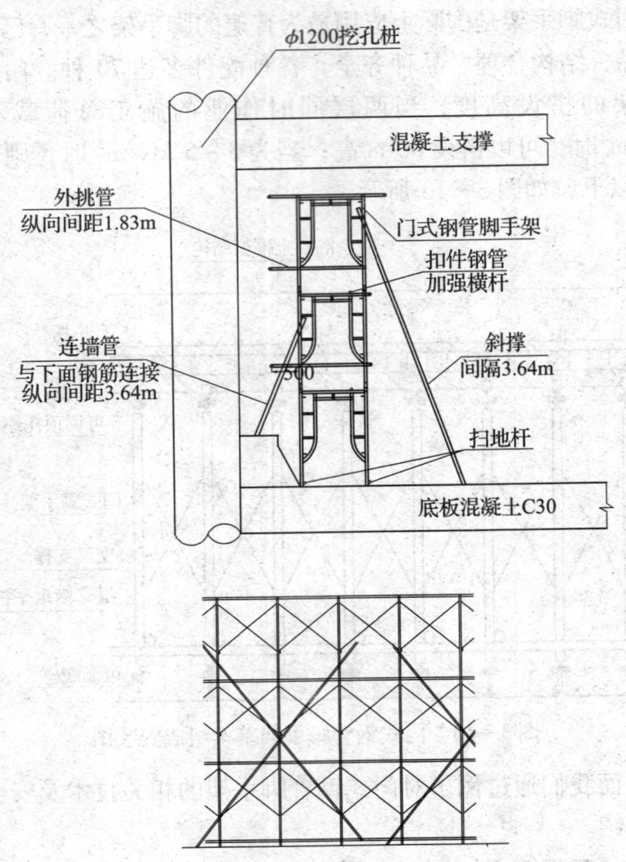

图 3—14　门式钢管脚手架搭设施工图

二、施工准备

门架：承受上部传递来的荷载。

交叉杆：限制门架的横向位移，增加刚度，起剪刀撑作用，

以扩大承压面，调整脚手架的水平和竖直度。

锁臂：限制上、下步门架的竖直位移。

驳芯：上、下步门架的定位连接杆。

脚踏板：可增强脚手架的整体刚度。

连接杆：与建筑物结构的连接件，以保持脚手架的稳定。

水平加固杆：增强脚手架的整体刚度。

交叉加固杆：增强脚手架的整体刚度。

扣件：分为直角扣件与旋转扣件两种。

上落梯：上落脚手架用。

平行架：代替脚踏板，增强脚手架整体刚度。

钢管：ϕ42 无缝钢管，用做加强杆、斜撑、长剪刀撑。

三、门架式脚手架的搭设

1. 脚手架的搭设顺序。将底座首步架即第一个门架装在底座上，装剪刀撑，铺设脚踏板（或平行架），插上驳芯，再安装上一步的门架，装上锁臂，再按之前的搭设顺序进行搭设，依次循环。

2. 门架式脚手架应从一端开始向另一端搭设，在首步脚手架搭设完毕后再搭设上一步脚手架。

3. 根据垫板（或垫块）上划出的位置安装底座，并插入首层两榀门架，随即装上交叉撑，锁好锁片，以保证装好的门架稳定。

4. 依次搭设以后的门架；每搭设一榀门架，即安装好剪刀撑并锁好锁片，并用钉子固定底座，以防滑移。

5. 当首步脚手架搭设完毕后，应用水准仪检测门架的标高，用可调底座调整高度，使门架上部标高一致。

6. 在门架上端的锁座上依次装上锁臂，锁臂的方向应注意另一端一律向上，弯曲一致，不要错向，以免上一步门架连接时无法就位安装。

7. 在最初两榀门架用剪刀撑固定后，即安装脚踏板或水平架，其两端的卡钩锁片应随安装随手锁紧。

8．首步门架式脚手架搭设完毕后，可从首步脚手架的搭设终点一端向回搭设第二步脚手架，以防止接头处因误差而造成的连接困难。

9．在向上搭设门架式脚手架时，应同时在规定位置同步安装钢扶梯，底部钢扶梯的底端必须用一根钢管将扶梯底端固定于门架底部，扶梯端头的卡钩同锁片必须随手锁紧。

10．对于整片的门架式脚手架，要加水平加固杆和交叉加固杆，以增加整体刚度。水平、交叉加固杆采用钢管，用扣件与门架立杆连接。交叉加固杆与门架立杆的夹角应为45°左右。

11．在搭设门架式脚手架的同时，必须相应跟上安装外侧安全网。

四、施工要点

1．地基与基础

（1）搭设脚手架的场地必须平整坚实，并做好排水，回填土地面必须分层回填，逐层夯实。

（2）落地式脚手架的基础根据土质及搭设高度可按表3—1的要求处理，当土质与表3—1不符合时，应按现行国家标准《建筑地基基础设计规范》（GB 50007—2002）的有关规定经计算确定。

表3—1　　地基基础构造

搭设高度（m）	地基土质		
	中、低压缩性且压缩性均匀	回填土	高压缩性或压缩性不均匀
≤25	夯实原土，立杆底座置于面积不小于0.075 m² 的垫块、垫木上	土夹石或灰土回填夯实，立杆底座置于面积不小于0.10 m² 的混凝土垫块或垫木上	夯实原土，铺设宽度不小于200 mm的通长槽钢或垫木

续表

搭设高度（m）	地基土质		
	中、低压缩性且压缩性均匀	回填土	高压缩性或压缩性不均匀
25～35	垫块、垫木面积不小于 0.1 m^2，其余同上	砂夹石回填夯实，其余同上	夯实原土，铺厚度不小于 200 mm 砂垫层，其余同上
36～60	垫块、垫木面积不小于 0.15 m^2，或铺通专用槽钢或木板，其余同上	砂夹石回填夯实，垫块或垫木面积不小于 0.15 m^2，或铺通专用槽钢或木板	夯实原土，铺 150 mm 厚道砟夯实，再铺通长槽钢或垫木，其余同上

注：表中混凝土垫块厚度不小于 200 mm；垫木厚度不小于 50 mm。宽度不小于 200 mm。

（3）当脚手架搭设在结构楼面、挑台上时，立杆底座下应铺设垫板或垫块，并对楼面或挑台等结构进行强度验算。

2. 门架

（1）门架跨距应符合现行行业标准《建筑施工门式钢管脚手架安全技术规范》（JGJ 128—2000）的规定，并与交叉支撑规格配合。

（2）门架立杆离墙面净距不宜大于 150 mm；大于 150 mm 时应采取内挑架板或其他防护的安全措施。

3. 配件

（1）门架的内外两侧均应设置交叉支撑，并应与门架立杆上的锁销锁牢。

（2）上、下榀门架的组装必须设置连接棒及锁臂，连接棒直径应小于立杆内径的 1～2 mm。

（3）在脚手架的操作层上应连续满铺与门架配套的挂扣式脚手板，并扣紧挡板，防止脚手板脱落和松动。

（4）水平架设置应符合下列规定：

1）在脚手架的顶层门架上部、连墙件设置层、防护棚设置处必须设置水平架。

2）当脚手架搭设高度 $H \leqslant 45$ m 时，沿脚手架高度，水平架应至少两步一设；当脚手架搭设高度 $H > 45$ m 时，水平架应每步一设；不论脚手架多高，均应在脚手架的转角处、端部及间断处的一个跨距范围内每步一设。

3）水平架在其设置层面内应连续设置。

4）当因施工需要，临时局部拆除脚手架内侧交叉支撑时，应在拆除交叉支撑的门架上方及下方设置水平架。

5）水平架可由挂扣式脚手板或门架两侧设置的水平加固杆代替。

（5）底步门架的立杆下端应设置固定底座或可调底座。

4．加固件

（1）剪刀撑设置应符合下列规定：

1）脚手架高度超过 20 m 时，应在脚手架外侧连续设置。

2）剪刀撑斜杆与地面的倾角宜为 45°～60°，剪刀撑宽度宜为 4～8 m。

3）剪刀撑应采用扣件与门架立杆扣紧。

4）剪刀撑斜杆若采用搭接接长，搭接长度不宜小于 600 mm，搭接处应采用两个扣件扣紧。

（2）水平加固杆设置应符合以下规定：

1）当脚手架高度超过 20 m 时，应在脚手架外侧每隔 4 步设置一道，并宜在有连墙件的水平层设置。

2）设置纵向水平加固杆应连续，并形成水平闭合圈。

3）在脚手架的底部门架下端应加封口杆，门架的内、外两侧应设通长扫地杆。

4）水平加固杆应采用扣件与门架立杆扣牢。

5．转角处门架连接

（1）在建筑物转角处的脚手架内、外两侧应按步设置水平连接杆，将转角处的两门架连成一体。

（2）水平连接杆应采用钢管，其规格应与水平加固杆相同。

（3）水平连接杆应采用扣件与门架立杆及水平加固杆扣紧。

6. 连墙件

（1）脚手架必须采用连墙件与建筑物可靠连接。连墙件的设置除应满足计算要求外，尚应满足表 3—2 的要求。

表 3—2　　　　连墙件间距

<table>
<tr><th rowspan="2">脚手架搭设高度（m）</th><th rowspan="2">基本风压 ω/（kN/m^2）</th><th colspan="2">连墙件的间距（m）</th></tr>
<tr><th>竖向</th><th>水平向</th></tr>
<tr><td rowspan="2">≤45</td><td>≤0.55</td><td>≤6.0</td><td>≤8.0</td></tr>
<tr><td>>0.55</td><td rowspan="2">≤4.0</td><td rowspan="2">≤6.0</td></tr>
<tr><td>>45</td><td>—</td></tr>
</table>

（2）在脚手架的转角处、不闭合（一字形、槽形）脚手架的两端应增设连墙件，其竖向间距不应大于 4.0 m。

（3）在脚手架外侧因设置防护棚或安全网而承受偏心荷载的部位应增设连墙件，其水平间距不应大于 4.0 m。

（4）连墙件应能承受拉力与压力，其承载力标准值不应小于 10 kN；连墙件与门架、建筑物的连接也应具有相应的连接强度。

7. 通道洞口

（1）通道洞口高度不宜大于 2 个门架，宽度不宜大于 1 个门架跨距。

（2）通道洞口应按以下要求采取加固措施：当洞口宽度为一个跨距时，应在脚手架洞口上方的内外侧设置水平加固杆，在洞口两个上角加斜撑杆；当洞口宽度为两个及两个以上跨距时，应在洞口上方设置经专门设计和制作的托架，并加强洞口两侧的门架立杆。

8．斜梯

（1）作业人员上下脚手架的斜梯应采用挂扣式钢梯，并宜采用之字形，一个梯段宜跨越两步或三步。

（2）钢梯规格应与门架规格配套，并应与门架挂扣牢固。

（3）钢梯应设栏杆扶手。

五、拆除

1．脚手架经单位工程负责人检查验证并确认不再需要时，方可拆除。

2．拆除脚手架前，应清除脚手架上的材料、工具和杂物。

3．拆除脚手架时，应设置警戒区和警戒标志，并由专职人员负责警戒。

4．脚手架的拆除应在统一指挥下，按后装先拆、先装后拆的顺序及下列安全作业的要求进行：

（1）脚手架的拆除应从一端向另一端，自上而下逐层地进行。

（2）同一层的构配件和加固件应按先上后下、先外后里的顺序进行，最后拆除连墙件。

（3）在拆除过程中，脚手架的自由悬臂高度不得超过两步，当必须超过两步时，应加设临时拉结。

（4）连墙杆、通长水平杆和剪刀撑等必须在脚手架拆卸到相关的门架时方可拆除。

（5）工人必须站在临时设置的脚手板上进行拆卸作业，并按规定使用安全防护用品。

（6）拆除工作中，严禁使用锤子等硬物击打、撬挖，拆下的连接杆件应放入袋内，锁臂应先传递至地面，并放置室内堆存。

（7）拆卸连接部件时，应先将锁座上的锁板与卡钩上的锁片旋转至开启位置，然后开始拆除，不得硬拉，严禁敲击。

（8）拆下的门架、钢管与配件应成捆用机械吊运或由井架传送至地面，防止碰撞，严禁抛掷。

六、安全管理

1. 搭拆脚手架必须由专业架子工担任，并按现行国家标准《特种作业人员安全技术考核管理规则》（GB 5036）考核合格，持证上岗。上岗人员应定期进行体检，凡不适于高处作业者不得上脚手架操作。

2. 搭拆脚手架时工人必须戴安全帽，系安全带，穿防滑鞋。

3. 操作层上施工荷载应符合设计要求，不得超载；不得在脚手架上集中堆放模板、钢筋等物件，严禁在脚手架上拉缆风绳或固定、架设混凝土输送泵、泵管及起重设备等。

4. 6 级及 6 级以上大风和雨、雪、雾天气时，应停止脚手架的搭设、拆除及施工作业。

5. 施工期间不得拆除下列杆件：

（1）交叉支撑、水平架。

（2）连墙件。

（3）加固杆件，如剪刀撑、水平加固杆、扫地杆、封口杆等。

（4）栏杆。

6. 作业需要时，临时拆除交叉支撑或连墙件应经主管部门批准，并应符合下列规定：

（1）交叉支撑只能在门架一侧局部拆除，临时拆除后，在拆除交叉支撑的门架上、下层面应满铺水平架或脚手板。作业完成后，应立即恢复拆除的交叉支撑；拆除时间较长时，还应加设扶手或安全网。

（2）只能拆除个别连墙件，在拆除前、后应采取安全措施，并应在作业完成后立即恢复；不得在竖向或水平方向同时拆除两个及两个以上连墙件。

（3）在脚手架基础或邻近严禁进行挖掘作业。

（4）临街搭设的脚手架外侧应有防护措施，以防坠物伤人。

（5）脚手架与架空输电线路的安全距离、工地临时用电线路架设及脚手架接地避雷措施等应按现行行业标准《施工现场临时用电安全技术规范》（JGJ 46—2005）的有关规定执行。

（6）沿脚手架外侧严禁任意攀登。

（7）对脚手架应设专人负责进行经常检查和保修工作。对高层脚手架应定期做门架立杆基础沉降检查，发现问题应立即采取措施。

（8）拆下的门架及配件应清除杆件及螺纹上的沾污物，并按《建筑施工门式钢管脚手架安全技术规范》（JGJ 128—2000）附录A的规定分类检验和维修，按品种、规格分类整理存放，妥善保管。

七、质量控制与检验标准

1．脚手架搭设完毕或分段搭设完毕，应对脚手架工程的质量进行检查，经检查合格后方可交付使用。

2．高度在20 m及以下的脚手架，应由单位工程负责人组织技术安全人员进行检查、验收。高度大于20 m的脚手架应由上一级技术负责人随工程进行，分阶段组织单位工程负责人及有关的技术人员进行检查、验收。

3．验收时应具备下列文件：

（1）施工组织设计文件。

（2）脚手架构配件的出厂合格证或质量分类合格标志。

（3）脚手架工程的施工记录及质量检查记录。

（4）脚手架搭设过程中出现的重要问题及处理记录。

（5）脚手架工程的施工验收报告。

4．脚手架工程的验收，除查验有关文件外，还应进行现场检查，检查应着重以下各项，并记入施工验收报告。

（1）构配件和加固件是否齐全，质量是否合格，连接和挂扣是否紧固可靠。

（2）安全网的张挂及扶手的设置是否齐全。

（3）基础是否平整坚实，支垫是否符合规定。

（4）连墙件的数量、位置和设置是否符合要求。

（5）垂直度及水平度是否合格。

5. 脚手架搭设的垂直度与水平度允许偏差应符合本规范表3—3的要求。

表3—3　　脚手架搭设的垂直度与水平度允许偏差

项　目		允许偏差/mm
垂直度	每步架	$h/1\,000$ 及 ± 2.0
	脚手架整体	$H/600$ 及 ± 50
水平度	一跨距内水平架两端高差	$\pm l/600$ 及 ± 3.0
	脚手架整体	$\pm L/600$ 及 ± 50

模块三　悬挑式脚手架

随着我国建筑业的飞速发展，高层建筑及超高层建筑越来越多，建筑外脚手架的选择成为施工组织设计中的一件大事，施工者除了考虑施工工艺及安全防护外，脚手架的经济效益也成为一个重要的考虑指标。悬挑式外挑脚手架以构造简单、操作方便、减少钢管的投入量、节约人工费等优点，且具有建筑物越高越经济的特征，赢得了广大用户的喜爱。

一、工程简介

本工程结构为钢筋混凝土框剪结构，塔楼最大高度为96. 35 m。本工程外脚手架搭设拟采用悬挑式钢管脚手架，同时采用钢丝绳卸荷。脚手架沿高度方向采用一次沿四周满搭设的方式，搭设高度至塔楼檐口再加上1. 5 m。考虑到各栋进度不同的影响，根据建筑物外形和高度，第二层开始采用14#工字钢悬挑，塔楼与裙楼相邻立面在第三层开始采用钢管临时悬挑，塔楼搭设高度及卸荷位置分别为：在第十三层、二十三楼面各卸荷一次。

二、材料及要求

1. 钢管

采用外径为48 mm、壁厚3.5 mm的钢管，其材质应符合国家现行标准的要求。弯曲变形、锈蚀钢管不得使用。脚手架钢管每根最大质量不应大于25 kg（6 m长）。钢管上严禁打孔。

2. 扣件

扣件包括直角扣件、旋转扣件、对接扣件及其附件、T形螺栓、螺母、垫圈等。脚手架采用的扣件，在螺栓拧紧扭力矩达65 N·m时，不得发生破坏。

3. 钢丝绳

钢丝绳选用6 mm×19 mm ϕ14.0光面钢丝绳，断股、锈蚀严重的钢丝绳不得使用。

4. 脚手板

脚手板采用钢筋网片脚手板。钢笆片网格间距不大于50 mm，无锈蚀。

5. 安全网

安全网采用密目式安全网。

三、外脚手架构造

1. 平面布置

立杆纵向间距为1 500 mm，横向间距为1 200 mm、900 mm（用于A座有阳台立面），内排立杆与建筑物的距离为300 mm。立杆与大横杆必须采用直角扣件扣紧，不得隔步设置和遗漏。且立杆的直接头应相互错开500 mm长，其接头与纵向水平杆的距离不大于步距的1/3。

2. 立面布置

纵向水平杆步距为1 800 mm，上下横杆的接长位置错开布置，错开距离不小于纵距的1/3，扶手杆水平设置于每步架

0.9 m高处。剪刀撑要求满设，并沿高连续布置，斜杆与立杆接触部位均用旋转扣件扣紧，其与水平杆的夹角为55°，剪刀撑的节点应在同一水平和垂直线上，其接长必须采用搭接，搭接长度不小于1 000 mm，用3个旋转扣件，除在两头与立杆和大横杆连接外，中间还增加2～4个节点。立杆和大横杆交点处一定设小横杆，如图3—15所示。

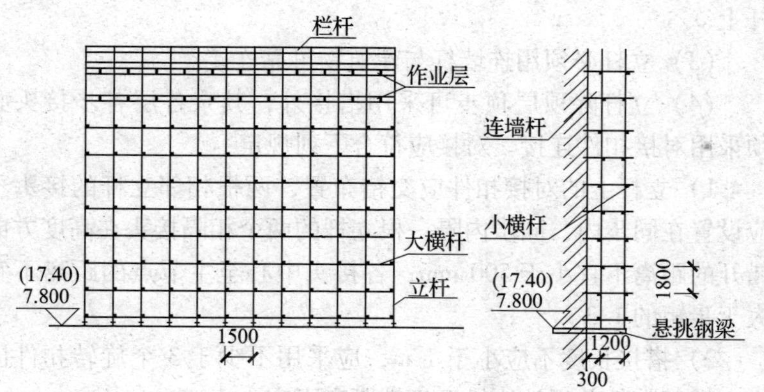

图3—15 扣件式钢管外脚手架立面布置图

3. 纵向水平杆的构造

纵向水平杆设置在立杆内侧，其长度不小于3跨。

纵向水平杆采用对接扣件连接，符合下列规定：纵向水平杆的对接扣件交错布置；两根相邻纵向水平杆的接头不宜设置在同步或同跨内，不同步或不同跨两个相邻接头在水平方向错开的距离不应小于500 mm，各接头中心至最近主节点的距离不宜大于纵距的1/3。

4. 横向水平杆的构造

主节点处必须设置一根横向水平杆，用直角扣件扣接且严禁拆除。主节点处两个直角扣件的中心距不应大于150 mm。在双排脚手架中，靠墙一端的外伸长度为150 mm。

作业层上非主节点处的横向水平杆，宜根据支撑脚手板的需要等间距设置，最大间距不应大于纵距的750 mm。

5. 立杆的构造

（1）悬挑立杆必须放在悬挑型钢的短钢筋上。

（2）脚手架必须设置纵横向扫地杆。纵向扫地杆应采用直角扣件固定在距底座上皮不大于200 mm处的立杆上。横向扫地杆也应采用直角扣件固定在紧靠纵向扫地杆下方的立杆上。

（3）立杆必须用连墙杆与建筑物可靠连接。

（4）立杆除顶层顶步可采用搭接外，其余各层各步接头必须采用对接扣件连接。对接应符合下列规定：

1）立杆上的对接扣件应交错布置，两根相邻立杆的接头不应设置在同步内，同步内隔一根立杆的两个相隔接头在高度方向错开的距离不宜小于500 mm；各接头中心至主节点的距离不宜大于步矩的1/3。

2）搭接长度不应小于1 m，应采用不少于3个旋转扣件固定，端部扣件盖板的边缘至杆端距离不应小于100 mm。

6. 连墙杆

为了增强脚手架的侧向刚度及稳定性，在外脚手架与建筑物之间设置连接杆。

连墙杆用短钢管制成，长度为500 ~ 800 mm，一端用扣件固定于脚手架的立杆上，另一端与预埋在建筑物中的钢管相连。连接杆每两层设置一次，水平间距4.5 m，上下错开，呈菱形布置。

连接杆尽可能设置在立杆与大、小横杆的连接处，与脚手架架体垂直，如在规定的位置上设置有困难，应在邻近点补足。

7. 节点构造

（1）工字钢悬挑构造如图3—16所示。

（2）卸荷装置构造如图3—17所示。

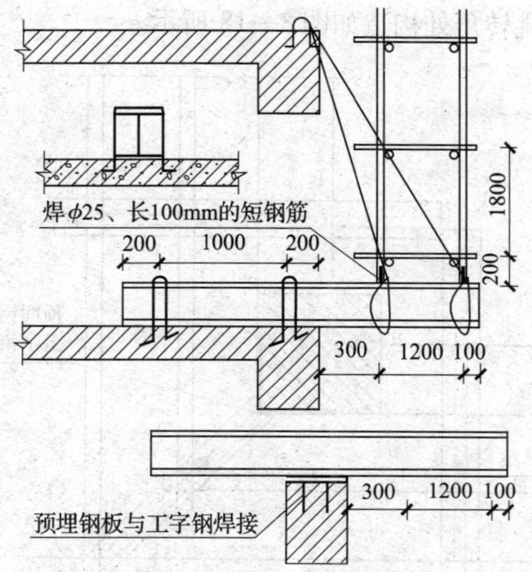

图 3—16　工字钢悬挑构造

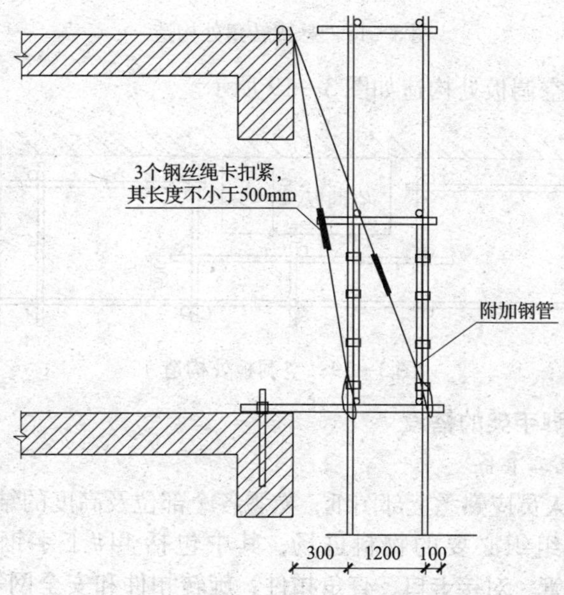

图 3—17　卸荷装置构造

（3）悬挑转角处构造如图 3—18 所示。

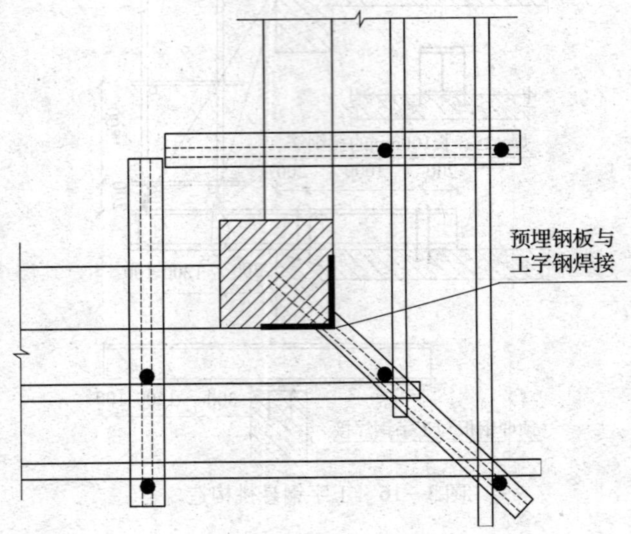

图 3—18　悬挑转角处构造

（4）空调板处构造如图 3—19 所示。

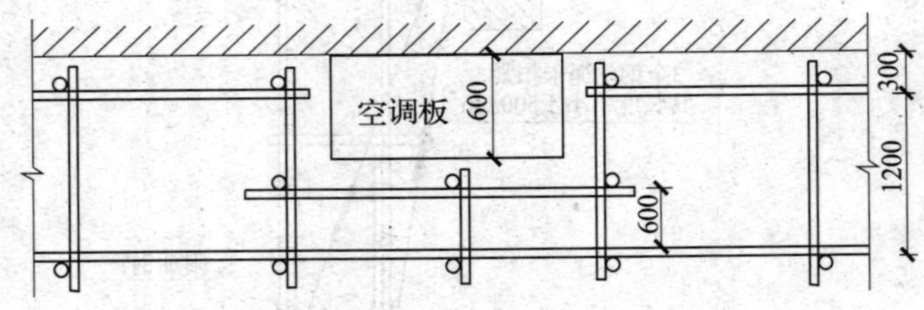

图 3—19　空调板处构造

四、脚手架的搭设

1．施工准备

技术人员应熟悉上部图纸，熟悉各个部位及高度的结构变化，项目部应组织必要的物料进场，其中包括 14#工字钢、$\phi48\times3.5$ mm钢管、对接卡口、直角扣件、旋转扣件和安全网等，以备外脚手架搭设使用；有关作业班组应组织足够的作业人员，准备外脚手架的搭设；同时在施工前应当组织有关技术人员和安全人员对作业班组进行作业前技术、安全交底。架子工必须具备国家标准《特种作业人员安全技术考核管理规则》的条件，经过培训、考核，取得安全操作证并经体检合格后方可从事脚手架安装、拆除作业。

2. 外脚手架的搭设顺序

外脚手架的搭设应严格遵循以下顺序：

铺悬挑钢梁→摆放扫地杆→逐根树立立杆并与扫地杆扣紧→装扫地小横杆并与立杆和扫地杆扣紧→装第一步大横杆并与各立杆扣紧→安第一步小横杆→安第二步大横杆→安第三、四步大横杆和小横杆→安连墙杆→接立杆。

3. 脚手架的搭设注意事项

（1）按照规定的构造方案和尺寸进行搭设。

（2）及时与结构拉结或临时支顶，以确保搭设过程的安全。

（3）拧紧扣件（拧紧程度要适当）。

（4）有变形的杆件和不合格的扣件（扣接不紧等）不能使用。

（5）搭设工人必须佩挂安全带。

（6）随时校正杆件的垂直和偏差，避免偏差过大。

（7）没有完成的脚手架，在每日收工时，一定要确保架子稳定，以免发生意外。

4. 附属结构搭设

（1）安全网。脚手架的外侧要满挂安全立网，立网的下口与立杆或建筑物要牢固地扎结，固定点的间距应不大于500 mm，下边沿设挡脚板，上下两网之间的拼接要严密。立网、平网与施工作业面边沿的最大间缝不得超过100 mm。

（2）脚手板。脚手板采用钢笆片 $\phi8$ 钢筋焊接制作，宽为1.05 m，要求作业层封闭及以下两步封闭，钢笆片铺放后要求用细铁线与大横杆绑扎固定。脚手架底层除满铺一层钢笆片外，还需再满铺一层旧木枋封闭，用 ϕ14 的钢筋固定。

（3）挡脚板。采用 5 mm 厚木胶合板制作，宽 180 mm，外侧面刷红白相间（500）油漆，每三步一道，设在立杆内侧、安全网外侧。

（4）防护棚。悬挑外架在底层位置沿建筑物四周搭设双层防护棚，应外高内低，与水平面成 15°，挑出外架宽 3.0 m。

（5）卸料平台。卸料平台挑出外架 2.5 m，长 4 m，位置根据实际需要确定，但上下位置必须错开。横向横杆间距为 1 000 mm，每个平台为 5 根，横杆分布必须均匀。横向横杆之上必须先搁放纵向横杆且与每根横杆紧密连接，以保证整体受力。然后在纵向横杆上捆绑木枋，木枋须布置均匀，最后在木枋上铺板。横向横杆之下在支撑点处必须设置纵向横杆，纵、横及支撑杆三者之间必须用扣件牢固连接。平台四周必须设置防护栏杆和挡脚板，栏杆高度为 1.2 m，栏杆用钢管搭设，在栏杆内侧绑设防护栏板，防护栏板必须绑设牢固，以防止碰落。各支撑杆间必须在纵横方向搭设拉接杆。平台口处必须设置安全标志及使用要求，严禁随意胡乱堆放，严禁超载，如图 3—20 所示。

（6）斜道搭设。上人斜道采用之字形斜道，坡度为 1∶3，宽度为 1.10 m，斜道脚手板应踏步铺设严密，转弯处搭设休息平台，宽度不小于 1.2 m，护栏高度为 1.2 m。斜道设置在便于人员通行的脚手架外侧。用安全网封闭，外设挡脚板，通道两侧设置剪刀撑，进出口搭设防护棚，并悬挂标志牌。

（7）天井部分按外围脚手架构造搭设，立杆纵向间距为 1 500 mm，横向间距为 900 mm，每三层设置一道安全平网。

（8）预埋件的埋设。

五、脚手架的拆除

脚手架使用完毕后应立即拆除，在脚手架拆除前应做好以下工作：

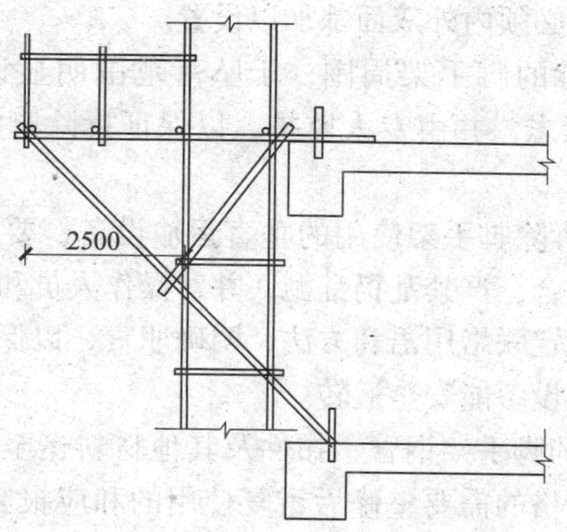

图 3—20 卸料平台

1．对脚手架进行安全检查，确认不存在严重隐患。如存在影响拆除脚手架安全的隐患，应先对脚手架进行修整和加固，以保证脚手架在拆除过程中不发生危险。

2．在拆除脚手架时，应先清除脚手板（或竹笆板）上的垃圾杂物，清除时严禁从高空向下抛掷，大块的装入容器内由垂直运输设备向下运送，能用扫帚集中的要集中装入容器内运送。

3．脚手架在拆除前，应先明确拆除范围、数量、时间和拆除顺序、方法、物件垂直运输设备的数量，脚手架上的水平运输、人员组织，指挥联络的方法和用语，拆除的安全措施和警戒区域。

4．严格遵循拆除顺序，由上而下、后搭者先拆、先搭者后拆，同一部位的拆除顺序是：栏杆→脚手板→剪刀撑→大横杆→小横杆→立杆。

5．对外脚手架的拆除，一般严禁在垂直方向上同时作业，因此，要事先做好其他垂直方向工作的安排。

6．拆除脚手架时，下部的出入口必须停止使用，对此，除监护人员要特别注意外，还应在出入口处设置明显的停用标志和围栏，此装置必须内外双面都加以设置。

7. 在拆除的脚手架周围，于坠落范围明显设置“禁止入内”字样的标志，并由专人监护，以保证拆除脚手架时无其他人员入内。

8. 对于拆除脚手架使用的垂直运输设备，要用滑轮和绳索运送或塔吊配合，严禁乱扔乱抛，并对操作人员和使用人员进行技术交底，规定联络用语和方法，明确职责，以保证脚手架拆除时其垂直运输设备能安全运转。

9. 拆下的脚手架钢管、扣件及其他材料运至地面后，应及时清理，将合格的需要整修后重复使用的和应报废的加以区分，按规格堆放。对合格件应及时进行保养，保养后送仓库保管，以备今后使用。

10. 脚手架拆除时，若遇大风、大雨、大雾天，应停止作业。

11. 拆除时操作人员要系好安全带，穿软底防滑鞋、扎裹腿。

12. 脚手架拆除过程中，不中途换人，如必须换人，应该在安全技术交底中交代清楚。

六、安全措施及要求

1. 所有操作人员应持证上岗，操作人员进入现场后，应做好进场三级教育，并做好会议记录，进行详细的安全技术交底。

2. 每一楼层外架搭设完毕后，必须验收合格后方可使用。

3. 防雷击接地措施，采用 4 ×30 镀锌扁铁与本建筑结构的四角避雷接地网焊接，其电阻不得大于要求的 1 Ω。

4. 高空作业要正确使用“三保”，遇六级以上大风时，应停止高空作业。雨后作业应待脚手架上雨水吹干后进行，以防止滑落。

5. 及时收集气象资料，并通知全体施工人员，以便于安排工作和进一步采取措施。

6. 焊接作业时，要注意防火。遇风时，应设置挡风板，避免火花飞溅。

7. 外架上不得堆放钢筋、模板等材料。

8. 脚手架拆除程序与安装程序相反，拆除时，先将脚手架板逐一传递至楼层或转料平台上，再按步骤拆除，拆除步骤为：横杆→立杆→剪刀撑，拆除时，严禁乱丢及高空坠物。

9. 架子工作业时，必须佩戴好安全帽、系好安全带，严禁穿高跟鞋、拖鞋或硬底带钉易滑鞋作业，工具及零件应放在工具包内，服从指挥、集中思想、相互配合，拆除下来的材料不乱抛、乱扔。脚手架作业下方不准站人，架子工不准在脚手架上打闹、嬉笑。

10. 在靠近电源处拆除脚手架时，必须将电源先切断或严密防护，必要时变更位置后方可进行作业，不允许将电源线拉在脚手架上，以防止漏电伤人。

11. 不在脚手架上附装机械设备、悬挑平台拉缆风绳及搭（接）卸料槽（斗）等。

12. 悬挑架搭设完后，总承包单位应按本规定以及专项施工方案等的要求进行验收，验收合格方可使用。有下列情形之一的，应进行检查验收：

（1）单层悬挑架搭设完毕。

（2）多层悬挑架每次搭设完毕。

（3）强台风等恶劣天气后，投入使用前。

（4）停用一个月以上，重新启用前。

13. 悬挑架防护

（1）沿架体外围必须用密目式安全网全封闭，密目式安全网宜设置在脚手架外立杆的内侧，并顺环扣逐个与架体绑扎牢固。安装时，密目网上的每个环扣都必须穿入符合规定的纤维绳，允许使用强力及其他性能不低于标准规定的其他绳索（如钢丝绳或金属线）代替。

（2）架体底层的脚手板必须铺设牢靠、严实，且应用平网及密目式安全网双层兜底。

（3）在每一个作业层架体外立杆内侧应设置上下两道防护栏杆和挡脚板（挡脚笆），上道栏杆高度为1.2 m，下道栏杆高度为0.6 m，挡脚板高度为0.18 m（挡脚笆高度不小于0.5 m）。塔吊处或开口的位置应密封严实。

（4）施工现场暂时停工时，应采取相应的安全防护措施。

14. 悬挑架在使用过程中严禁进行下列作业

（1）在架体上推车。

（2）在架体上拉结吊装缆绳。

（3）利用架体吊运物料。

（4）物料平台与架体相连接。

（5）任意拆除架体结构件或连墙件。

（6）拆除或移动架体上的安全防护设施。

（7）利用架体支顶模板。

（8）其他影响架体安全的作业。

15. 拆卸

（1）悬挑架拆卸前，作业人员应对拟拆卸悬挑架的完好性进行检查。

（2）拆除工作必须按专项施工方案及安全操作规程的要求进行。

（3）拆除前应对作业人员进行安全技术交底，拆卸时应有可靠的防止人员与物料坠落的措施，严禁抛掷物料。

16. 悬挑架应按专项施工方案的要求正确使用，不得随意扩大使用范围；架体上的施工荷载必须符合设计要求，不得超载或集中堆载；架体上的建筑垃圾及其他杂物应及时清理。

17. 悬挑架搭设、拆卸作业时，应设置警戒区，禁止无关人员进入施工现场。施工现场应当设置负责统一指挥的人员和专职监护的人员。各工序应当定岗、定人、定责。作业人员应当严格执行施工方案及有关安全技术规定。

模块四　吊篮脚手架

采用悬吊方式设置的脚手架称为“吊脚手架”，其形式有吊架（悬吊梁式或满堂式工作台）和吊篮（悬吊篮式工作台）两种，主要用于装修和维修工程施工。吊架由于移动式工作台的兴起，已较少应用，而吊篮则已成为高层建筑外装修作业脚手架的常用形式，其技术也已发展得较为完善。

一、工程简介

1. 本工程为六层砖混结构，长 65.1 m，宽 9 m，高 17.4 m；屋面排水为内排水。

2. 本工程外墙抹灰及外墙涂料均采用手动吊篮脚手架，吊篮为成品吊篮，且证件齐全。吊篮脚手架主要是在建筑屋面通过特设的支撑点，利用挑架的吊索悬吊吊篮，进行外墙装饰。工具式吊篮主要由吊篮、支撑、挑架、吊索具及升降装置、保险绳和安全绳组成。搭设和使用吊篮中必须严格执行安全操作规定。

二、施工准备工作

1. 在主体施工到六层平板圈梁支模时，按照吊环预埋图制作吊环，并进行预埋，吊环预埋要求使用直径 16 mm 的圆钢，在混凝土内锚固不少于 40*d*（*d* 是指圆钢的直径），其环底部与底板钢筋双面电弧焊，长度不少于 80 mm，每边不少于 3 处（见图 3—21）。

2. 手扳葫芦，额定提升 1.5 t，配套使用的钢丝绳直径为 12.5 mm，并且不得出现断丝、挤扁等现象，如图 3—22 所示。

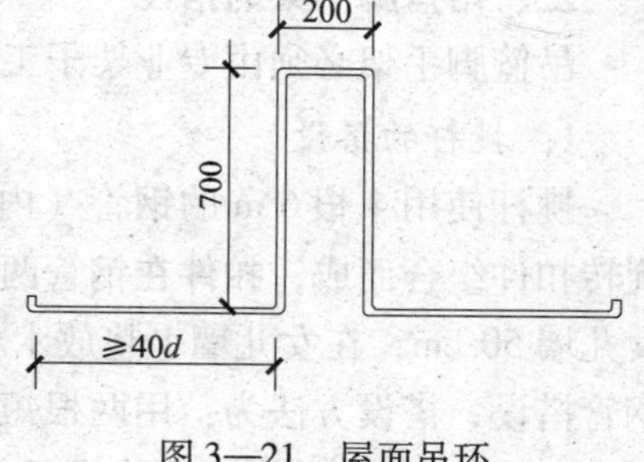

图 3—21　屋面吊环

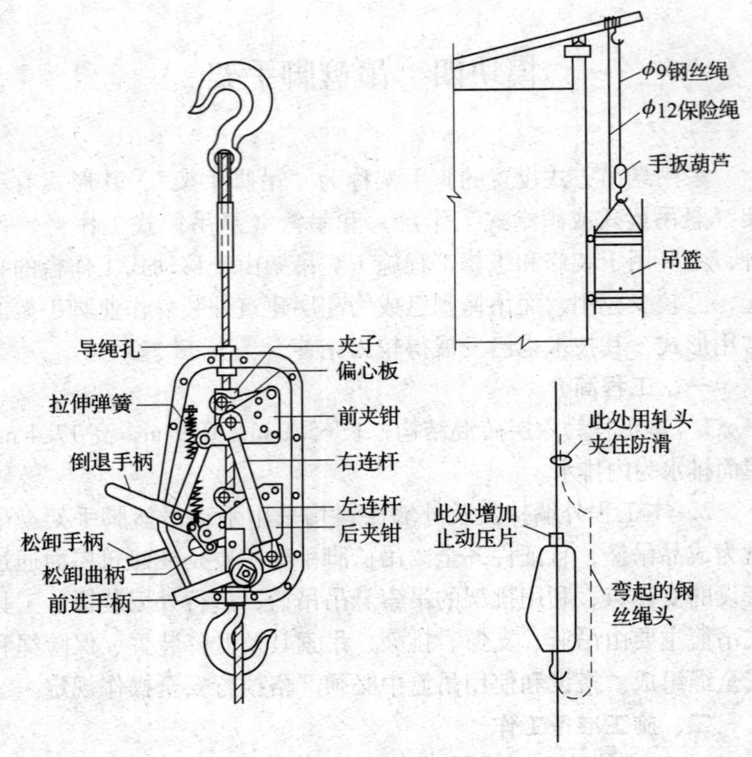

图 3—22　手扳葫芦构造及升降示意图

3. 安全绳必须是直径 12 mm 以上的棕绳。

三、吊篮脚手架的搭设

吊篮脚手架必须由专业架子工搭设。

1. 挑杆的搭设

挑杆使用 4 根 6 m 的钢管（内径 48 mm，壁厚 3.5 mm），由旋转扣件组合而成，扣件在钢管两端头及钢管的中部，挑杆伸出女儿墙 50 cm，在女儿墙上垫放木板，南面没有女儿墙部分采用钢管搭设，搭设方法为：用两根短钢管搭设支架，其间距不大于 2 m，沿无女儿墙处屋面边缘设置，上面用 6 m 的整根钢管连接

（接头处应加设一支架），支架同 6 m 的整钢管均用十字扣件连接扣牢，高度同女儿墙高。挑杆后部穿入吊环内，挑杆根部用横杆扣牢，挑杆端部同样用横杆扣牢（吊篮钢丝绳穿好后），均形成整体，以防钢丝绳滑脱。为保证整体稳定性，挑杆根部配以 100 kg 的沙袋，以防失稳。

2. 连接

用钢丝绳穿入手扳葫芦，挑杆处钢丝绳缠绕不少于 3 圈，并用 3 个绳卡扣牢，绳卡方向正确；手扳葫芦上方装安全器，装设方向正确，手扳葫芦挂钩挂在吊环上，挂钩上保险灵敏有效，安全器用短钢丝绳通过卸扣与吊环（吊篮上）相连。

3. 调整要求

挑杆伸出长度与吊篮上吊环和墙的距离相等，钢丝绳竖直向下，手扳葫芦吊钩位于吊篮中间位置，以确保吊篮升降后平稳，不向墙内和墙外倾斜。

四、对应于重大危险源的目标

针对吊篮搭设使用过程中存在的高空坠落、物体打击等重大危险，本着“安全第一、预防为主”的方针，应做好安全教育和安全交底工作，班组人员规范操作，严格遵守公司制定的施工现场安全防护设施的管理程序，使重大危险源由三级降为五级，杜绝轻伤事故的发生。

五、施工安全措施

1. 吊篮搭设构造必须遵照专项安全施工组织设计（施工方案）规定，组装或拆除时，应三人配合操作，严格按搭设程序作业，任何人不允许改变方案。

2. 吊篮的负载不得超过 360 kg（施工时的荷载值），吊篮上的作业人员和材料要对称均匀分布，不得集中在一头，以保持吊篮负载平衡。

3. 升降吊篮的手扳葫芦应用 3 t 以上的专用配套钢丝绳；承重的钢丝绳直径不小于 12.5 mm。吊篮两端应设保险绳，其直径与承重钢丝绳相同，绳卡不得少于 3 个，严禁使用接头钢丝绳。

4. 承重钢丝绳与挑架连接必须牢靠，并应有预防钢丝绳受剪的保护措施。

5. 吊篮的位置和挑梁的位置应根据建筑物实际情况而定，挑梁挑出的部分与吊篮的吊绳必须保持垂直，安装挑梁时，应使挑梁探出建筑物一端稍高于另一端，挑梁在建筑物内外的两端应用钢管连接牢固，成为一个整体。

6. 吊篮为长度 3 m、宽度 1 m 的工具式吊篮。

7. 以手扳葫芦为吊具的吊篮，钢丝绳穿好后，必须把保险把卸掉，系保险绳或安全锁，将吊篮与建筑物拉牢。

8. 吊篮里侧距建筑物 100 mm，不得将两个或几个吊篮连在一起同时升降。

9. 升降吊篮时，必须摇动所有手扳葫芦，各吊点必须同时升降，保持吊篮平衡，吊篮升降时不要碰撞建筑物，特别是阳台、窗户等部位，应由专人负责摇动吊篮，防止吊篮挂碰建筑物。

10. 吊篮使用期间，应经常检查吊篮防护、保险、挑梁、手扳葫芦和吊索等。发现隐患应立即解决。吊篮组装、拆卸、维修必须由专业架子工进行。

11. 吊篮专业架子工人员在作业前必须配备以下安全防护用品：

（1）安全帽。

（2）安全带。

（3）生命绳。是一种独立悬挂在建筑物顶部，通过自锁钩、安全带与作业人员连在一起，防止作业人员坠落的绳索。

（4）自锁钩。是配在安全带上的，在人体坠落时能立即卡住生命绳的器件。

六、施工使用过程的安全要求

1. 吊篮操作人员应具备的基本条件是：年龄必须满 18 周岁、身体健康，无妨碍从事相应工种的安全技术知识和技能，培训后经安全技术理论和实际操作考核成绩合格，并取得《特种作业人员操作证》方能上岗，还必须符合相应作业特点需要的其他条件，酒后、过度疲劳、情绪异常者不得上岗。

2. 搭设时，要认真扣紧每个扣件，悬挂钢丝绳时，要系好安全带（绳），安全带（绳）必须连接在吊环上，其下方不得站人或有行人。

3. 使用前应对工人进行安全使用教育，升降时，用力均匀摇动手柄，同步上下，勿使吊篮倾斜，以致操作不当，损坏手扳葫芦而造成隐患。

4. 使用时，架上每个人必须系好安全绳，且荷载不宜集中，不得超载。

5. 吊篮在使用前，必须由架子工对吊篮进行全面检查，并设专人监督，发现隐患及时处理。

6. 升降到操作位置时，按下安全器上的手柄，锁住吊体。

7. 安全绳必须连接在预埋吊环上，并且连接牢固，另一端与人连接，严禁系在吊篮上。

8. 二次保险钢丝绳用不少于 3 个花篮卡子卡在预埋件上。

9. 吊篮每天下班时必须摇至地面。

七、吊篮在操作时应做好以下安全工作，防止因违章或操作失误而引起安全事故

1. 吊篮上作业应由两人协同进行作业。

2. 除直接作业人员外，还应指定专门人员进行管理、值班、架设、维修保养和在吊篮发生故障等危险情况时进行妥善处理。

3. 上下吊篮时禁止跳上跳下，一定要等吊篮着地放稳后方可上下。

4. 防止发生伤害他人的事故。在操作中所使用的工具应放

在吊篮底板上的工具箱内或工具袋内，并用绳索绑牢，以防止坠落。

5. 禁止放开制动器。作业人员除了在紧急情况下用手动摇柄操作外，在任何时候都不得放开制动器，否则吊篮会意外下降而造成人员伤亡或导致其他事故发生。

6. 吊篮通电时禁止触摸控制盘和电气部位，否则有触电的危险。

7. 在对吊篮进行操作的过程中，不得同时按动两个以上的开关。

8. 吊篮在下降过程中，如碰到脱超速锁锁上复位拨杆、吊篮平台不能下降时，应立即停止下降，然后将提升机向上提升一段距离，使超速锁钢丝绳卸荷，再轻轻扳动释放手柄，以免影响钳块寿命，损坏超速锁，造成伤亡事故。

9. 当吊篮正常运行时，如发现超速锁误动作时，一定要按规定进行操作，严禁将超速锁手柄用物体撑起后作业。

10. 为了确保作业安全，超速锁应指定专业人员保养及维修。严禁非吊篮作业人员随便启动、使用和拨弄，未经培训的吊篮维修人员、不熟悉超速锁机构者，均不得擅自拨弄和拆装。

第四单元　脚手架安全技术

在建筑工程施工中，涉及脚手架的安全事故时有发生，在不同程度上造成了人员伤亡、经济损失以及对施工的不良影响，在脚手架的准备、搭设、使用、拆除以及运输、保管的全过程中，必须坚决贯彻“安全第一，预防为主”的方针，采取切实可靠的措施，加强安全管理，做到防患于未然，努力防止各种安全事故的发生。

一、安全网搭设与拆除

安全网是建筑施工安全防护的重要设施之一。安全网的设置应在施工组织设计中有明确规定和要求，技术复杂的应做单项设计。

安全网按悬挂方式分为垂直设置与水平设置两种。

1. 垂直设置

垂直设置安全网多用于高层建筑施工的外脚手架，外侧满挂安全网围护，一般采用细尼龙绳编制的安全网。安全网应封严，与外脚手架固定牢靠。

2. 水平设置

水平设置安全网多用于多层建筑施工的外脚手架，是用直径 9 mm 的麻绳、棕绳或尼龙绳编制的，一般规格为宽 3 m、长 6 m，网眼 5 mm 左右，每块支好的安全网应能承受不小于 1 600 N 的冲击荷载。从二层楼面起设安全网，往上每隔 3～4 层设一道，同时再设一道随施工高度提升的安全网。要求网绳不破损，生根要牢固、绷紧、圈牢、拼接严密，网杠支杆宜用脚手钢管。网宽不小于 3 m，最下一层网宽应为 6 m。

二、安全网架设方法

1. 利用外墙窗口架设安全网

随着建筑技术的发展，目前施工中采用的脚手架材料大多为 ϕ48 mm×3.5 mm 的钢管。在多层、高层建筑采用外脚手架时，需要架设安全网，或者在采用里脚手架砌筑外墙时也需要架设安全网。

安全网的架设要随着楼层施工的增高而逐步上升，在高层施工中外侧应自下而上满挂密目式安全网。除此以外，还应在每隔 4~6 层的位置设置一道安全平网。目前施工中所采用的安全网大多是采用 ϕ9 mm 的麻绳、棕绳或尼龙绳编织而成，规格一般为 6 m×3 m，网眼规格为 50 mm×50 mm。当采用里脚手架砌筑外墙的时候，在上一层楼层窗口墙内放置一根横杆，与安全网的内横杆绑扎牢固，安全网外横杆与斜杆上端连接，斜杆下端与一根横杆相接，并与下层窗口墙内横杆绑扎牢固。对于无窗口的山墙，可在墙角内设立立杆来架设安全网或在墙体内预埋 Ω 形钢筋环来支撑斜杆，或者采用穿墙钢管加转卡来支撑斜杆。安全网的斜杆间距一般应不大于 4 m。但这种架设安全网的方法比较麻烦，速度较慢。也有的施工单位采用自制或购置的钢吊杆来架设安全网。相比之下，后者更具有制作简单，运输使用方便、轻巧，施工速度快的优点，它包括自制销片、钢吊杆和斜杆等。其构造及施工方式如图 4—1 所示。

横杆 1 放在上层窗口的墙内，与安全网的内横杆绑牢，横杆 2 放在下一层窗口的墙外，与安全网的斜杆绑牢，横杆 3 放在墙内与横杆 2 绑牢。支设安全网的斜杆间距应不大于 4 m。

钢吊杆通常采用 ϕ12 mm 的钢筋制作，长 1 560 mm，在吊杆上端弯一直弯钩，用来挂在预埋入墙体的销片上，在直角弯钩的另一侧平焊一个 ϕ12 mm 的挂钩，用来拴住安全网，在挂钩下端焊接一个拉尼龙绳的圆环。下端焊接一个可装设斜杆的活动铰座和靠墙支座，靠墙支座要能够保证吊杆稳定和受到坠物作用力时

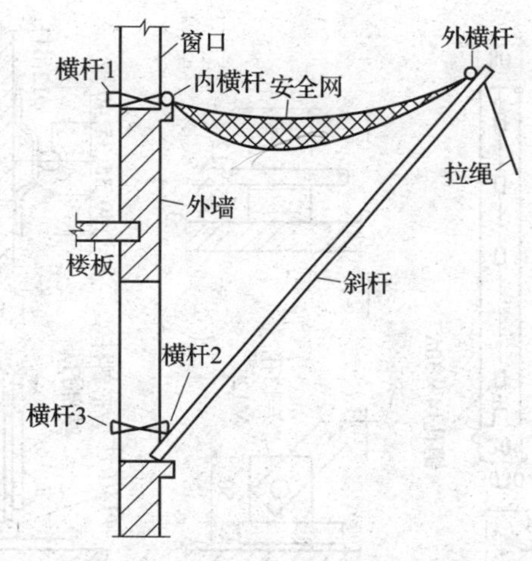

图 4—1　利用窗口架设安全网

不发生旋转。斜杆用两根 25 mm × 4 mm 的角钢焊成方形，长 2 800 mm，顶端也焊一个 ϕ12 mm 的挂钩，用来挂住安全网。在斜杆中间焊接一个挂尼龙绳的环，底端用 M12 螺栓与吊杆的底端铰支座连接。装设这种工具式结构时，可通过挂在吊杆和斜杆上尼龙绳的长度来调节斜杆的倾斜度，吊杆沿着建筑物的外墙面进行设置，间距一般为 3 ~4 m。

2. 利用钢吊杆架设安全网

无窗口的墙可采用钢吊杆架设安全网，在墙面预留洞，穿入销片用销子楔紧，销片上有 ϕ14 mm 孔，以便挂吊杆安全网，如图 4—2 所示。

钢吊杆为 ϕ12 mm 钢筋，约长 1 560 mm，上端弯钩，弯钩背面焊一挂钩，以挂安全网用。下端焊有装设斜杆的活动铰座和靠墙支座，在靠近上端弯钩（挂钩）处还焊有靠墙板和挂尼龙绳的环，靠墙板的作用是为保证吊杆受力后不发生旋转。吊杆间距一般为 3 ~4 m。

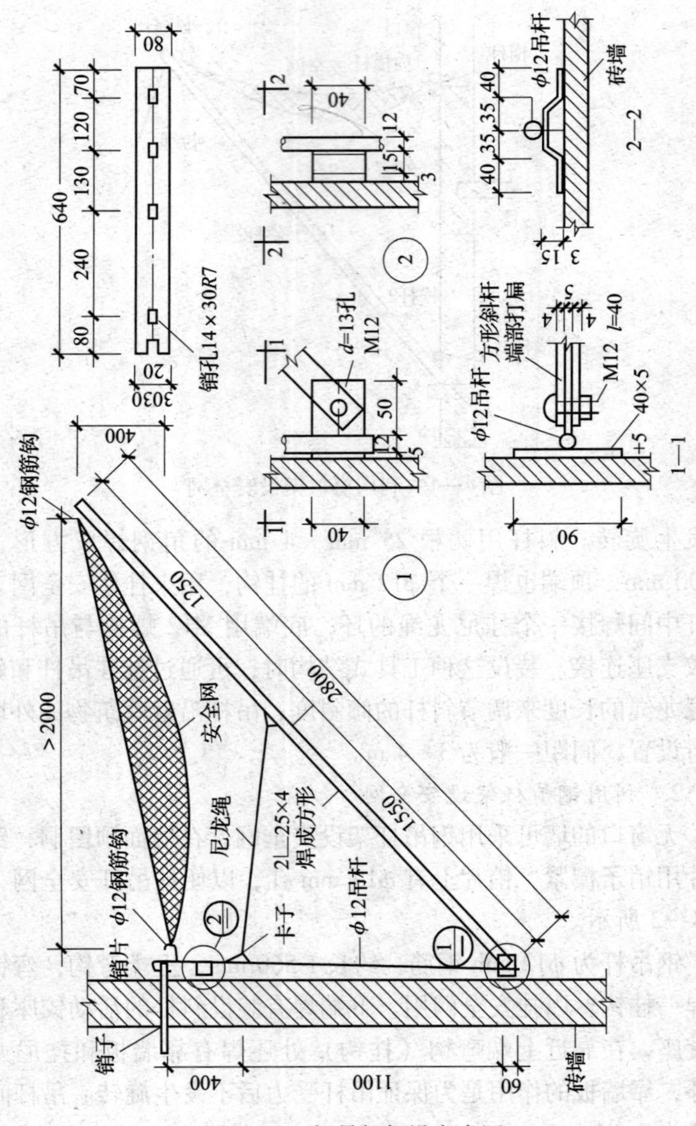

图 4—2　钢吊杆架设安全网

3. 首层大跨度安全网

首层大跨度安全网可用杉篙斜撑搭设，也可采用一边设钢立柱的架设做法，如图 4—3 所示。

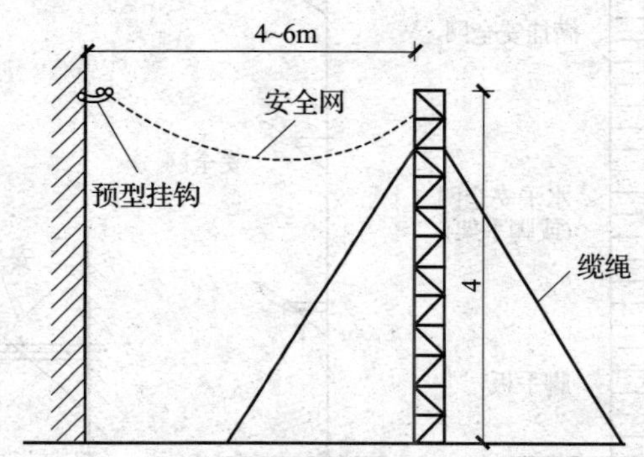

图 4—3 首层钢立柱架设安全网

4. 高层建筑施工安全网

对高层建筑施工，如果是采用在外墙面满搭外脚手架的话，应当沿脚手架外立杆的外侧满挂密目式安全网，由下往上的第一步架应当满铺脚手板，每一作业层的脚手板下应沿水平方向平挂安全网，其余每隔 4 ~ 6 层加设一层水平安全网。如果采用吊篮或悬挂脚手架施工，除顶面和靠墙面之外，在其他各面应满挂密目安全网，在底层架设宽度至少 4 m 的安全网，其余每隔 4 ~ 6 层挑出一层安全网。如果采用悬挑脚手架施工，当悬挑脚手架升高以后，不拆除悬挑支架，加绑斜杆钩挂安全网。高层建筑施工安全网设置示意如图 4—4 所示。

三、脚手架的安全技术要求

脚手架在建筑施工中是一项不可缺少的重要工具。脚手架要求有足够的面积，能满足工人操作、材料堆置和运输的需要，同时还要求坚固稳定，能保证施工期间在各种荷载和气候条件下不变形、不倾斜和不摇晃。

脚手架工程属高处作业，其安全技术要求主要有：

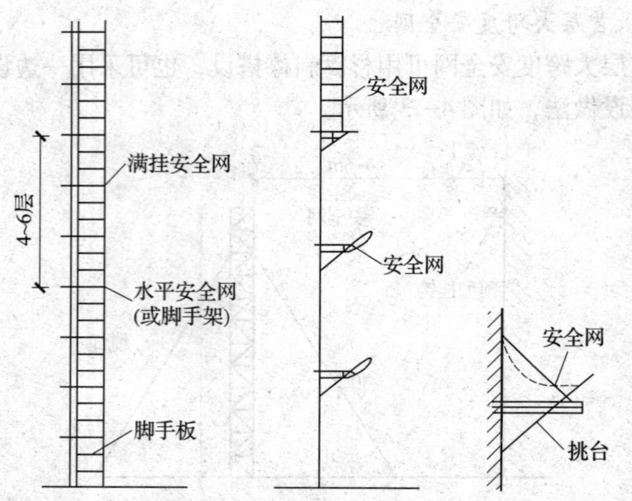

a) 脚手架外表面满挂安全网　b) 分段设置安全网　c) 挑台处分段设置

图 4—4　高层建筑

1．必须有完善的施工方案，并经企业技术负责人审批。

2．必须有完善的安全防护措施，要按规定设置安全网、安全护栏、安全挡板。

3．操作人员上下架子要有保证安全的扶梯、爬梯或斜道。

4．必须有良好的防雷避电装置，钢脚手架等均应可靠接地，高于四周建筑物的脚手架应设避雷装置。

5．必须按规定设扫地杆、连墙件和剪刀撑，以保证架体牢固。

6．脚手板要铺满、铺稳，不得留探头板，要保证有 3 个支撑点，并绑扎牢固。

7．在脚手架搭设和使用过程中，必须随时进行检查，经常清除架上的垃圾，注意控制架上荷载，禁止在架上过多地堆放材料和多人挤在一起。

8．工程复工和风、雨、雪后，应对脚手架进行详细检查，发现有立杆沉陷、悬空、接头松动、架子歪斜等情况时，应及时处理。

9. 遇6级以上大风或大雾、大雨时，应暂停高处作业，雨雪后上架操作要有防滑措施。

四、脚手架安全预防工作

登高架设作业是伤亡事故的“多发区”，在脚手架搭设、拆除、使用过程中，高处坠落事件时有发生。通过对脚手架事故案例的分析，发现导致伤亡事故的主要原因有：思想认识不到位，安全措施落实不力，施工现场安全防护设施不完善，安全装置有缺陷，作业环境不安全；安全监督管理不力，规章制度实施不力，贯彻不周，管理存有漏洞；从业人员素质低，缺乏安全教育培训，施工人员违反操作规程，不遵守劳动纪律。要真正做到安全生产，就必须强化安全意识，加强安全管理，提高安全技术操作水平，制定相应的安全防范措施。

1. 强化安全培训教育，提高安全生产意识

强化安全意识，应分层次进行。首先强化领导层的安全意识。部门和企业领导者、决策者对安全生产的认识在很大程度上决定了该地区和企业的安全生产水平。企业领导人、工地承包负责人、工长是施工安全的直接指挥者，他们对安全生产的认识程度以及安全技术水平和管理水平的高低，直接关系着施工作业人员的生命安全。在实际工作中有些企业的领导并没有将安全生产放在应有的位置上，重生产、轻安全，重效益、轻安全的现象仍然比较严重。各项安全制度只是说在嘴上，写在纸上，并没有真正认真学习，很多人实际上处于一知半解的状态。安全检查流于形式，真正的安全隐患发现不了。因此，必须强化这些安全生产直接指挥者的安全意识，使他们充分认识到安全生产的重要性，把搞好安全生产工作、预防重大安全事故作为第一位工作来抓。正确处理好安全、效益、工期、质量的关系。树立高度的责任感，认真学习，真正成为以人为本、重视安全、具有丰富安全生

产知识的生产指挥者。为此，企业领导层要经常地、反复地进行安全意识的强化培训。培训内容主要有：

（1）国家的安全生产方针和国务院颁发的劳动保护政策、法规和规定。

（2）本企业的安全生产形势、安全生产规章制度。

（3）本企业伤亡事故的教训。

（4）施工现场安全防护设施应达到的标准。

（5）各工种安全操作规程。

其次，强化登高架设人员的安全培训教育，提高职工的安全意识和自我保护能力。安全生产教育培训是实现安全生产的基础工作。企业要完善内部教育培训制度，通过对职工进行三级安全教育、定期培训、开展班组班前活动，利用黑板报、宣传栏、事故案例剖析等多种形式，加强一线作业人员，尤其是农村进城务工人员的培训教育，增强安全意识，掌握安全知识，提高职工搞好安全生产的自觉性、积极性和创造性，使各项规章制度得以贯彻执行。架子工等特种作业人员必须持证上岗，并定期接受安全培训。目前，施工工地新工人较多，部分来自农村，综合素质偏低，安全意识淡薄，安全操作技能低下，对他们进行安全培训，已是当务之急，培训内容主要包括：

（1）安全生产、文明生产的重要性，安全生产在政治上和经济上的重大意义。

（2）牢固树立搞好安全生产的信心，抛弃“事故难免”论。

（3）尊重科学，按客观规律办事，使每一位操作者认识到规章制度是多年来实践经验的总结，有的付出了血的代价。

（4）克服麻痹思想，不怕一万，就怕万一，一次麻痹大意就可能造成终生痛苦。

（5）本工种安全生产岗位责任制的具体内容。

（6）工伤事故的调查、报告、处理和典型事故剖析，工伤事故发生后的急救常识。

(7) 防护用品发放标准及防护用品、用具使用基础知识。

提高安全意识和增强自我保护能力是保证安全生产的前提，安全培训教育工作是一项艰苦、细致、长期的工作。企业领导要高度重视，有关部门密切配合搞好宣传，切实保证各项规章制度、安全措施落实到实处，营造出“人人讲安全、事事讲安全、时时讲安全”的良好气氛。

2. 加强安全监督管理力度，切实落实安全生产责任制

安全生产责任制是建筑企业最基本的安全管理制度。建立并落实安全生产责任制，是搞好安全生产的最有效的措施之一。安全生产责任制要将企业各级管理人员、各级职能机构及其工作人员和各岗位生产工人在安全生产方面应做的工作及责任加以明确规定。工程项目经理部的管理人员和专职安全员要根据自身工作特点和职责分工，严格执行定期安全检查制度，并经常进行不定期、随机的检查，对于发现的问题和事故隐患，要按照“定人、定时间、定措施”三定的原则进行及时整改，并进行复查，消除事故隐患，防止职工伤亡事故的发生。

要加强各级建筑安全监督管理机构的组织建设，充实专业监督人员，加大安全监督管理力度，提高依法行政水平。严格执行安全报监制度，加强监督管理，强化动态管理，认真落实安全生产责任制。对不履行安全报监手续、安全防护不到位、特种作业人员无证上岗、存在严重事故隐患的施工项目，要严肃查处，该整改的整改，该查封的坚决予以查封。对事故责任单位和事故责任人要严肃处理，对发生的事故应当按照《国务院关于特大安全事故行政责任追究的规定》和“四不放过”原则将此原则展开，认真严肃查处，不能以经济处罚代替行政处罚和刑事追究。

安全生产是一个系统工程，涉及设计、施工、材料、机械、电气、技术、劳动等各个方面，施工企业必须发挥专业科室、部门的有效作用，形成一个有机的安全管理整体，从工艺、材料、机具设备上防止和消除事故隐患。建立和健全以安全生产责任制

为中心的各项安全管理制度。工程开工前编制、审批好单位工程（或分部、分项工程）安全技术措施，其中特殊架设作业、高层脚手架、井架搭设和拆除，必须编制单项工程安全技术措施，并要有设计依据、有计算、有详图、有文字要求。这还不是安全管理的全部内容，大量的工作应放在施工现场的安全管理上。施工现场必须做到：

（1）班组及施工人员必须认真遵照经审定批准的施工方案和有关技术规范进行施工作业。

（2）各项安全设施如脚手架、井字架、龙门架、安全网、“四口”、临边防护设施搭设完成后，必须组织验收，合格后才准使用。

（3）加强脚手架构配件材质的检查，从进货的关口把住产品质量关，保证合格产品进入施工现场，同时在使用过程中要经常进行检验检测，以确保其安全性。

（4）机具设备使用过程中要进行经常性的检查维修，以确保安全有效。

（5）各项安全设施、安全防护装置如确因施工工序需要临时拆除或移位时，必须按规定报告，批准后方可拆除，并采取必要的其他防范措施，工序完工后要及时复原。

（6）各施工作业完成后，安全设施、防护装置确认不再需要时，经批准后方可拆除。拆除复杂和危险性的安全设施必须安全监护，同时划定危险区域，设立警告标志。

对登高架设人员必须坚持：一要进行专门培训；二要培训后严格进行考试和发证，没有操作证者一律不准独立操作；三要定期进行复审，不合格者收回操作证；四要有严格的纪律，发现违反者严肃处理。

对分包工程的施工队，要严格审查企业相关资质，选派技术干部或具有施工管理经验的老工人加强对他们的管理，并对安全生产负责到底。

对联合施工队、混岗农村进城务工人员，逐步编入本企业施工管理轨道。施工前，针对工程特点做好技术交底，施工中组织好安全检查。对登高架设人员负责安全技术考核，验证上岗。思想工作要通过各种方式、各种渠道渗透到他们中间去，消除他们临时凑合的思想，同时帮助他们解决技术上的难题，对他们使用的机具设备、架设工具、安全防护用品进行检查，督促和帮助他们及时消除隐患。

加大安全防护设施的资金投入，保证安全设施的完善。

把安全生产、文明生产纳入社会主义竞赛评比中，对违章指挥、违章作业、不听劝阻者，按照情节轻重减发、扣发奖金；造成损失者，按照经济法规给予经济制裁或给予党政纪律处分，对事故负有刑事责任者，按照《刑法》有关规定，依法惩处，决不姑息。对于遵守安全法规，在安全生产上做出显著成绩、贡献突出的班组、个人，要大力表彰，并给予荣誉奖和物质奖，树立遵章守纪光荣、违章违纪可耻的良好风尚。

3. 严格执行安全生产技术规范，提高安全技术操作水平

登高架设作业属于特种作业，要求操作人员具备一定的技术素质，掌握脚手架的相关知识，学会分析脚手架失稳的原因。提高登高架设人员的安全技术操作水平，是安全生产的根本保证。

首先，要严格执行脚手架搭设和拆除的安全生产技术规范，掌握本工种操作技术。

登高架设作业有它的科学性和规律性，不掌握安全技术和它的规律，就不能实现安全生产。登高架设人员搭拆脚手架属于特种行业，要求架子工具有一定的技术素质。一要严格按施工方案选用符合搭设规定的脚手架材料，认真进行基础处理，按规定参数和工艺进行搭建。二要制定有针对性的、切实可行的脚手架方案，并进行安全技术交底。三要掌握安全稳固技术要求，学会分析失稳的主要因素，及时消除事故隐患。要熟悉本工种安全操作规程，提高技术操作水平，降低工伤事故发生的概率。

其次要加强登高架设作业人员的自我安全防护。建筑施工中，很多工伤事故发生在高空作业或登高架设人员中，提高登高架设人员的自我防护能力是减少工伤事故的一项有效措施。施工作业中，除了在技术上保证安全外，还要求操作人员遵章守纪，互相监督，按规定正确佩戴安全帽和安全带等防护用品，最大限度地减少不安全因素。要达到安全生产、提高工人的自我防护能力，要赋予登高架设人员一定的权限：

（1）施工作业前没有安全技术交底，班前会上不讲安全注意事项，登高架设人员有权拒绝上岗。

（2）登高架设人员有权拒绝违章生产指令，并可越级报告；如果工人向上一级报告安全生产情况而受到打击报复，上级主管领导应对有关人员进行严肃处理。

（3）登高架设人员上岗前对作业场所进行检查发现事故隐患，施工管理人员不积极组织排除，作业人员有权拒绝上岗。

（4）登高架设人员使用的机具设备，以及安全装置不齐全、有效、可靠，作业人员有权拒绝使用。

（5）在登高架设人员的工作区域内，安全防护设施不完善，严重危及作业人员生命安全而无防范措施保证时，作业人员有权拒绝施工。

（6）工人调换工作岗位、新工人入厂不进行培训，工人有权拒绝上岗。

（7）应发放给个人使用的防护用品不发放，或者以次充好，登高架设作业人员有权拒绝上岗作业。

（8）对于违反施工程序、违反操作规程、违反有关安全生产规定，追求产值、进度的生产指挥者的指挥，登高架设人员可以退出施工作业。

赋予登高架设作业人员“八项权利”是制止违章指挥、违章作业、冒险蛮干的有力措施。作业人员配合施工管理人员贯彻、督促实施企业各项规章制度、安全技术操作规程，在登高架设作业时就增加了一道无形的防线，安全生产就有了保障。